河南省教育厅人文社会科学研究项目（2015-ZC-021）

新时期环境艺术设计的研究与应用

王珊珊　著

中国水利水电出版社
www.waterpub.com.cn

·北京·

内 容 提 要

　　本书通过多个方面对环境艺术设计的理论及应用进行探讨，内容涉及新时期环境艺术设计概述、环境艺术设计研究分类与要素、环境艺术设计的快速表现技法、新时期室内空间艺术设计发展研究、新时期园林景观设计发展研究和新时期公共环境设施设计发展等方面。本书在阐述基本内容的同时，引用了国内外历史中知名的较有代表性的设计理论，内容完整、体例新颖、图文并茂，充分体现出了环境艺术设计科学性与艺术性相结合的原理。

图书在版编目（CIP）数据

新时期环境艺术设计的研究与应用/王珊珊著. --
北京：中国水利水电出版社,2018.8（2022.9重印）
　　ISBN 978-7-5170-6705-4

　　Ⅰ.①新… Ⅱ.①王… Ⅲ.①环境设计 Ⅳ.
①TU-856

中国版本图书馆CIP数据核字（2018）第175804号

责任编辑：陈　洁　　　封面设计：王　伟

书　　名	新时期环境艺术设计的研究与应用 XINSHIQI HUANJING YISHU SHEJI DE YANJIU YU YINGYONG
作　　者	王珊珊　著
出版发行	中国水利水电出版社 （北京市海淀区玉渊潭南路1号D座　100038） 网址：www.waterpub.com.cn E-mail：mchannel@263.net（万水） 　　　　　sales@mwr.gov.cn 电话：（010）68545888（营销中心）、82562819（万水）
经　　售	全国各地新华书店和相关出版物销售网点
排　　版	北京万水电子信息有限公司
印　　刷	天津光之彩印刷有限公司
规　　格	170mm×240mm　16开本　13.5印张　245千字
版　　次	2018年8月第1版　2022年9月第2次印刷
印　　数	2001-3001册
定　　价	54.00元

凡购买我社图书，如有缺页、倒页、脱页的，本社营销中心负责调换

前　言

近年来，科学与技术产生了巨大的变化。与之相应，人类的自然观、审美观也在不断地发展与丰富着，环境艺术设计归根结底反映了人们的环境观念，人们对于外部世界的看法。环境艺术设计是通过其输出物对社会、经济、环境方面的回应，旨在创造一个更好的世界。环境艺术设计为人类生存的合理、舒适、环保等因素而设计，为人类的更高需求而设计，为人类设计出全新的生活方式。不论环境艺术设计呈现出怎样缤纷的态势，一个亘古不变的主线是环境艺术设计的本质在于探索人与环境的关系。世界现当代历史发展表明：一个不重视设计发展的民族是没有希望的民族。因为设计与经济的发展是息息相关的，在很大程度上，设计状况是经济状况的折射。当代，中国经济的持续快速发展，表明了中国设计发展已具有了一定的基础，并预示着美好的前景。随着经济建设全面快速发展，环境艺术设计在市场实践中一直是设计领域活跃的一部分，创造着新的经济增长点，提供着众多的就业机会。

在当代环境艺术设计领域新的价值主张和实际需要的背景下，本书立足于创新思维，环境艺术设计的研究着眼于对新时期环境艺术设计概述、环境艺术设计构成要素与材料要素、环境艺术设计的快速表现技法、新时期室内空间艺术设计发展研究、新时期园林景观设计发展研究、新时期公共环境设施设计发展的论述，分别从环境艺术设计理论与环境艺术设计实践两个方面，展现了新时期环境艺术设计的理论现状与应用发展的基本方式。随着国民经济的不断发展，我国居民的生活水平得到了很大改善，因此，对建筑与环境的审美要求也在不断提高。虽然环境设计在我国的园林建筑以及房屋建造上早已有所体现，但其真正成为一门系统的学科是在20世纪60年代。在实际教学与研究中，对环境艺术设计的理论研究与实践探究还很匮乏。只有通过不断地实践研究来完善环境艺术设计的相关理论才能够更好地满足当前我国居民的审美需求。

新时期的环境艺术设计需要不断地进行总结与探索。人们的观念不断发展变化的现代，更需要创新性、系统性、细节性、美观性体现在应用领域中的理念，在实际操作过程中，起到一定的参考作用。

本书具有以下特点：

第一，理论性较强。本书系统地论述了新时期环境设计的相关理论和理念，使读者对新时期的环境设计能够有更深入的认知，从而提高环境设计从业者的设计能力。

第二，内容丰富，实务性较强。本书阐述了新时期环境设计的相关案例，包括环境艺术设计快速表现技法的优秀作品赏析以及新时期公共环境设施设计优秀作品欣赏，向读者展示了新时期环境设计的无限魅力。

希望本书能够给读者在环境艺术设计的准备阶段和实际应用过程中带来帮助。由于作者水平及时间有限，书中不妥之处，敬请广大读者及专家批评指正。

作　者
2018年1月

目　录

第一章　新时期环境艺术设计概述

环境艺术设计是艺术设计的重要分支，在满足人们基本生活功能的基础上，实现精神上的追求。环境艺术设计是人类社会与环境之间和谐共处的桥梁，讨论存在的问题，并提出意见，将有利于环境艺术设计的进步。

本章将阐述环境艺术设计的概念与特征、国内外环境艺术设计研究进展、新时期环境艺术设计的特点与发展趋势。

第一节　环境艺术设计的概念

环境艺术（environmental art）又被称为环境设计（environmental design），是一个尚在发展中的学科，目前还没有形成完整的理论体系。关于它的学科对象研究和设计的理论范畴以及工作范围，包括定义的界定都没有比较统一的认识和说法。这里先引用著名环境艺术理论家多伯（Richard P.Dober）的环境艺术定义。

多伯说："环境艺术作为一种艺术，它比建筑艺术更巨大，比规划更广泛，比工程更富有感情。这是一种重实效的艺术，早已被传统所瞩目的艺术。环境艺术的实践与人影响其周围环境功能的能力，赋予环境视觉次序的能力，以及提高人类居住环境质量和装饰水平的能力是紧密地联系在一起的。"多伯的环境艺术定义，是迄今为止具有权威性、比较全面、比较准确的定义。他虽然声言这只是从艺术角度讲的，是"作为艺术"的环境艺术定义，但是它已经远远超出了过去门类艺术的陈腐观念。该定义指出，环境艺术范围广泛、历史悠久，不仅具有一般视觉艺术特征，还具有科学、技术、工程特征。在多伯定义的基础上，环境艺术的定义被概括为：环境艺术是人与周围的人类居住环境相互作用的艺术。环境艺术是一种场所艺术、关系艺术、对话艺术和生态艺术。

所谓场所艺术，不仅指物质实体、空间外壳这些可见的部分，还包括不可见的、但是确实在对人起作用的部分。如氛围、活动范围、声、光、电、热、风、雨、云等，它们是作用于人的视觉、听觉、触觉和心理、生理、物理等方面的诸多因素。形成"场所感"的关键问题是，经营位置和有效地利用自然和人文的各种材料和手段（如光线、阴影、声音、地形、历史典故等），形成这一环境特有的性格特征。所谓关系艺术，是指进行环境艺术设计时，必须恰当地处理各方面的关系：人与环境的关系，环境诸因素之间的关系，因素内部组成之间的关系等。关系可以分成不同层次、不同的范畴，如人—建筑—环境；人—社会—自然；人—雕塑—背景……诸关系的核心是人。因而以尺度（或尺度感）作为衡量关系处理得好坏、水平高低的标准。"尺度"在这里主要是从视觉角度讲的，它不同于"尺寸"，"尺寸"是客观地度量出来的，而"尺度"（或"尺度感"）是主观的度量，即人所具有的感受，不是具体的尺寸。对话艺术则体现在两个方面：一是环境所包括的因素无穷之多，它们必须有机地组合起来，彼此"对话"；另一方面，人们普遍希望"对话"，这是当代环境以人为主的民主性特征，人们已经不满足于仅仅是物质的丰富和表层信息变化的享有，更不能容忍那种非人性的、压抑人的环境。人们追求深层心理的满足、感情的交流和陶冶，追求美和美感的享受。既是"对话"，就发生了人如何与环境对话的问题。

第二节　环境艺术设计的特征

一、人与环境

美国著名建筑理论家卡斯腾·哈里斯曾说："大部分时间中，尤其是在移动时，我们的身体是感知空间的媒介。"人们总是通过亲身参与各种活动来感知空间的，于是，人体本身也自然成为感知并衡量空间的天然标准。因此，可以说作为感知并衡量空间标准的人，与环境之间的物质、能量及信息的交换关系，是室内外环境各要素中最基本的关系。

所谓环境，即直接或间接影响人类生活和发展的各种自然因素，即人类生存的空间。其中既包括人类生存必要的物理空间，也包括影响人类心理活动的精神空间。人类在生活发展过程中除借助环境生存，也会依照自身发展需求人为地创造适合自身的环境，包括根据人们认识的不同阶段对环境起到的创造、破坏、保全作用的内容。总之，环境与人是相互作用、相互适应的关系，并随着自然与社会的发展而始终处丁动态性的变化之中。

（一）人对环境的改变

随着近代环境观念的发展，人类对环境的态度基本可以概括为"选择"与"包容"。比如，因城市化发展需要拆除古旧建筑、老式地标建筑等行为，其在本质上与火烧阿房宫一样，都是对古建筑的破坏。经过多年发展实践，人们应当意识到在寻求发展的过程中，这些可以反映古代生活和警示后人的老旧建筑是具有重大意义的，应当加以保护和挖掘。城市的发展不仅需要最新的理念与建筑，城市风格的多样化也同样需要注意。每一座城市都具有自己的记忆与特征，人们在不同的发展阶段会对环境进行改造，这些改造可能加速了人类的发展进步，也有的改造引发了环境的恶化甚至灾难。因此，人类在改造环境的实践过程中，因兼顾选择与包容两个方面，在包容的基础上对环境进行选择创造，这样才会使人类产生良性发展，城市环境也会更加接近自然的本质。

（二）环境对人的改变

1943年，美国心理学家马斯洛曾在《人类动机理论》中提到人类普遍会产生五种需求，由高到低依次为：自我实现需求、自尊需求、社会需求、安全需求与生理需求，这五种需求即"需求等级"理论。人类在不同阶段和不同环境中会产生各种需求，因此总会有一种需求会在某些时段处于主导地位。除人类心理变化，环境因素也对五种需求的强烈程度有很大影响，如环境的安全与否对应安全需求，环境的文化氛围与品味对应自我实现需求，环境的公共属性对应社会需求等。因此，这些人类产生的需求在一定程度上体现了环境对人类的影响。人类需求具有连续性，当满足人的某一需求后，则会产生追求更高层次的需求；而当无法满足高层次需求时，低层次需求则会占据主导地位。因此，在人为的改造环境时应在能保证低层次需求的同时，尽可能地满足高层次需求。社会在不断发展，人类需求的层次也在不断提高，因此人与环境之间总是存在着不可调节的矛盾，这个改造环境去解决矛盾的过程，就是人与环境相互适应的过程。

在生活中，环境的改变与人类的活动总是同时发生且相互影响的，就像是演出时舞台设计与演员的表演处于互相补充的状态，人类在设计舞台时考虑的是如何利用舞台来辅助、促进表演，而演员则思考如何充分利用舞台来提高表演效果。因此，环境对人的改变，与人对环境的改变总是一起发生。

二、文化符号

芬兰著名建筑师伊利尔·萨里宁曾说："让我看看你的城市，我就能说出这个城市的居民在文化上追求什么。"由此可见，环境对城市文化的强大表现力，是一个时代科技水平的反映，也是一个民族的意识形态、文化信仰最真实的展现。

（一）传统文化特征在城市设计中的体现

德国的规划界学术巨匠阿尔伯斯教授曾说过，城市就像一张古欧洲的羊皮纸，人们不断用它书写、清理再书写，但无论如何清理，之前的痕迹也会一直留存下来。这"痕迹"之中其实就包括传统文化。

传统文化作为历史延续的载体在表达民族特色、文化渊源里面具有重要地位，通过设计将传统建筑与当地文化的脉络相结合，在保护传统建筑的基础上，进行扩展挖掘再创造。特定历史文化会产生特定的环境与建筑物，这些历史环境体现了当时的文化背景，具有高辨识度与历史意义。因此，保护历史环境在一定意义上也代表着保护历史文化。在标志性建筑和重点保护性景观的周围建立保护区（如天津、上海等城市把近代外来建筑物作为特殊的历史文物进行单独保护）。保护历史环境不仅仅体现在保护古旧建筑物方面，对建筑物周围环境也要加以控制，如周围建筑的高度，形态等，不同的地区、建筑等要根据情况单独制定规定。同时，城市是受到新陈代谢规律支配的，作为有着强大的延续性和多样性的生生不息的有机体，也需要不断地更新。在此，德国剧作家席勒的观点虽有些偏激但有其道理，"美也必然要死亡，尽管她使神和人为她倾倒"。由此，不断地发展和变化是生活的法则。继承与发展传统文化正是为了新的创造，单一的、重复的环境设计不能满足当前人们的审美需求。

（二）建筑设计的地域性现象

20世纪70年代，Bernard Rudolfsky出版了一本名为《没有建筑师的建筑》的书，其内容引起了当时建筑设计领域的广泛关注。根据书中所提内容，很多设计师将目光聚集在普通的乡土建筑中，这些建筑的诞生体现了当时该地区的环境、文化与其代表的象征意义，是经过时间的锤炼而走向成熟的，具有很高的创造性价值。有人单独研究过非洲部分地区，希腊、阿富汗的一些特定地理区域的居民建筑后发现："这些地区的建筑不仅是建筑设计者创作灵感的源泉，而且其技术与艺术本身仍然是第三世界国家的设计者们创作中可资利用的、具有活力的途径。"这类研究呈现两种趋向： 是"保守式"趋向——运用地区建筑原有技术方法并在形式上的发展；二是"意译式"趋向——在新的技术中引入地区特色建筑形式和环境特色。地区特有的建筑和环境受当地的生活、民俗、审美观念及文化特色的影响，虽然外表相对粗糙，但其代表的文化意义却十分深厚。

（三）西方文化特征在室内设计中的体现

随着时代的发展，我们对西方文化的了解也有了全方位的进步，从最初的商品，到体制法律，到思想文化，一步步接近表面之后的东西，但最多的目光还是聚集在西方生产的商品层面，对其他方面则缺少关注。向西方学习的多为先进的技术，认为最新的就是最好的，但技术始终是不断进步的，理念也是不断革新的，一味地追求最新，结果自然是无法及时追赶上西方观念与技术更新的步伐，当然也就更无法做到融会贯通了。而在飞速发展的社会中，潜在的文化虚无主义逐渐使人们适应了这种浅层次、求其然而不求其所以然的心态，这在室内装潢领域最为明显。近年来国内设计的作品里，最多提到的就是北欧风、美洲风等关键字，而其作品却只停留在其文化表面的层次，并没有真正领会其代表的文化内核，创作的作品也就远谈不上优秀二字了。

（四）大众文化特征在环境空间设计中的应用

随着人民个体意识的成长，当前千篇一律、缺乏个性的环境已经不能满足大众实现自我的需求了，人们不再满足于将自身情感投放于整齐划一的大环境中，而是希望能创造出单独体现自我情感与意识的环境，此时的"可识别性""场所感"等词汇的诞生，都表明了人们对价值或意义的关注。此外，环境服务也应考虑大众的多样性，即正常人与老弱病残等弱势人群应被给予不同的服务。如美国在1990年颁布了《1990年残疾人法案》，法案规定了公共场所必须为残疾人设立无障碍通道，同时要求政府和企业在设计或改造设施、建筑时同样要考虑残疾人的服务问题，这体现了大众文化价值观念对环境的改造。

环境设计所受的文化地域性、时代性、综合性的影响是任何其他环境或者个体事物所无法比拟的。这是因为在环境艺术中包含了更多反映文化的人类印迹，并且每时每刻都在增添新的内容；而群体建筑的外环境更是往往成为一个城市、一个地区，甚至一个民族、一个国家文化的象征。上海的外滩、北京的天安门广场、威尼斯的圣马可广场、纽约的曼哈顿都是一些代表民族或国家形象的突出案例。在环境艺术的设计过程中，如何体现当地的文化内涵，展现当地的文化氛围，是每个设计师必须要严肃认真思考的问题。

三、思想观念

季羡林先生有句名言"东方哲学思想重综合，就是整体概念和普遍联系，即要求全面考虑问题"；钱学森先生也认为"21世纪是一个整体的世界"。确实，整体化是当前世界环境设计中的首要因素。

环境艺术的设计水准一般取决于作品是否可以与环境处于长久的和谐的协调关系。它区别于艺术家的造型艺术、环境艺术将多种学科都包括在内，在实际操作过程中设计师通常将城市内的建筑、灯光、广告、标志与公共设施等多种客观环境看作一个有机结合的复合体。虽然设计的是用途单一、具体的某一物品，但在设计的过程中同样需要思考作品与整体环境的协调性，同时还要考虑作品的能耗、可循环性、开放性、回复率、自我调节能力、功能性与美观性等众多问题。同时，经济因素作为重中之重也要着重考虑，在设计过程中必须要保证作品具有高经济效益，因为大多数城市的设计都是在原有景观的基础之上进行拓展与挖掘，改造环境本就需要消耗大量资金，如果在设计过程中缺乏对经济效益的考虑，不仅造成资金浪费，作品后期高昂的维护费用，还会带来高额的经济负担。

不同于西方具有扎实的社会经济基础，在进行"现代主义设计"时可以不将经济因素作为首要思考对象，中国仍需要将功能性与经济性作为首要前提。在对经济因素进行充分研究后，还需要把技术与人文、美学、社会、生态等因素逐一分析，挑选最优方案追求经济、社会与环境三方效益的最大化。动态地、科学地将多方因素结合思考，采取最适宜的方案是当前中国环境艺术设计最切实可行的途径。

因此，如何保持环境的整体性是我们在进行环境设计时要保证的前提条件。无论进行何种层次、规模的设计，都要对城市整体环境结构进行规划，体现出历史与现代的文化渊源，通过详细的研究，准确衡量局部与整体、长久与短暂之间的关系，将设计深入到城市的脉络中，科学合理地进行综合设计。同时，还要为未来的发展留出空间，最大限度的合理利用客观环境与人文环境，实现效益与美学的统一，创造出大众渴望的生活环境。

四、地方性特点

当代环境设计主要通过以下三个方面体现地方性的特点。

（一）地形的特点

我们区别每个地方的不同，最先看的就是这个地方的地形地貌，即使是处在相同的气候环境中，也会存在各自的地理特性，这是区分不同地方最根本的条件。这些区别无处不在，大到山川河流，小到树木植被，这些都是大自然的神奇之处。而当代环境设计的本质就是将这些神奇之处体现出来，抓住环境中令人舒适的一面，运用到生活中，既满足人们的生活需求，又能弥补已有环境中的缺陷。例如，在山城重庆，我们利用周围的山创造城市，但是过于复杂的地形又影响人们生活，因此，我们在山坡道路的中部修建一段平地，供人们途中休息，这就是将设计与地形特点有利地结合在了一起。

河流，可以成为一个城市的特点。从古至今的发展历程里，河流的附近都会是人们居住的首选之地，因为河流不仅方便了人们的生活，更是成就了丰富的物产。如今，随着社会的发展，环境越来越现代化，人们将现代化的设施与自然环境有机地结合到了一起，展现出了不一样的风采。需要我们格外注意的是，环境的保护是这种美好最基本的要求，需要我们大家共同努力。每个地方的河流，它的形成原因、途经地域都不相同，也就造就了不同的河流形态，既有涓涓流水也有奔腾大河，这些形态也就形成了不同的地理地貌，形成了不同的河流文化，最终成为每个城市独特的风景线。河流可以说是物种起源的重要因素，所以它的重要性不用过多地赘述，人们的生活离不开它。所以，我们要将我们的生活和河流有机地结合在一起，使它方便你我的同时也能成为城市景观的一部分。我们都知道，一条河流的知名度会为城市带来很多的游客，甚至河流中的物产也能为周边生活的群众带来福祉。但是现在的许多人为了追求现代化的生活，会为了道路的宽阔，为了房屋的建造而肆意的破坏河流水域，他们看到的只是眼前的利益，但是从人类发展的长久来看，这种破坏人们起源物的行为，无异于是自掘坟墓。这些自然的产物才是我们最宝贵的财富，我们要做的不是破坏而是利用与保护。

对河流的保护，不仅仅局限在保持河面的清洁，保持水质的良好，还要通过环境设计，将河流变成城市中的一部分，成为我们生活中必不可少的组成部分。自然环境有它们自己的净化调节方式，当我们将它们变成自己生活中的一部分时，我们也在享用它们净化带给我们的好处。保护河流的方式之一就是好好利用河流的沿岸，这些都是大自然的产物，它们有的是高崖峭壁，有的是细沙浅滩，有的规整有序，有的怪石嶙峋，但这些都不影响我们对河流的热爱。我们通过对它们简单的利用与改造，就可以把它们变成一个地域的标志性风景了。我们将它们开放，变成一个游览景点，将它的美好展示给世界各地的人们，这是自然的产物，也是我们改造的成果，这些就是将设计充分融入自然最好的体现。例如长江，作为我国的母亲河，范仲淹曾在《岳阳楼记》中这么形容长江中游的洞庭湖"衔远山，吞长江，浩浩汤汤，横无际涯"。这篇千古名作仅通过描写长江中部的一段流域就能够体现出长江的壮阔。这些都是自然和人文相结合的产物，充分体现出了人对河流设计的好处。

（二）主材的特性

人类房屋的建造也有着悠久的历史。最早的时候，我们大多是就近选材。例如，我们最早的茅草屋、木屋、石屋以及寒冷地区的以冰块为主材的屋子，等等。我们将这些材料分类罗列，就会发现，这些材料的数量是多么的巨大。而且，人们在最初运用这些材料的时候，看上的也是主材自身的特性，虽然那时没有试验结果作为选材依据，但是人们依旧懂得如何利用这些材料，将它们自身的特性充分发挥出来，造福自身。我们现在的建筑材料，有很多都是以这些自然材料为基础创造的，人们利用这些材料的特性，将它们结合或分离，保留它们特性的同时使其更加坚固或者耐久。但是这些创造的材料模糊了地域之间的特性，使建筑物趋于普通化，产生的效果不能体现出材料本身的特性。当人们开始意识到这一点时，便开始理性思考，开始追求自然的材质，运用现代的科研思维，避免盲目的使用，充分利用自然材料创造符合地域特色的建筑物。这些建筑物在保证使用性能的同时，也更加充分体现出主材的自然特性，使它们更加直观地展示出自己的本色。

建筑材料的使用不仅仅指材料在建筑物的建造上所起到的作用，在室内的装修中它们也发挥着不可替换的作用，被采用最多的就是地面的铺装了。我国是一个注重园林庭院设计的国家，最有代表性的就是古代皇宫中的御花园了，还有古代江南大家的庭院园林，等等。这些园林设计者通过对自然材料的运用，描绘出一幅幅美好的画景。例如对石头的运用，形成了蜿蜒曲折的小径；对花卉的运用，形成了一处处百花齐放的壮景……但是这些美丽的景色的限制非常大，因为它们的创造对气候环境的要求较高，并不能保证各地都能展示相同的景色，这在古代可能会造成人们的遗憾。但是到了现代，这种情况得到了很大的缓解，因为，这些就是如今设计师需要研究开发的项目了。他们可以更新材料，例如各种的地砖、瓷砖创造的拼花，各种石材的花色的对比等，甚至可以运用大棚，培育出各种品种的花卉植被，在不同的地方创造出类似的风景特色，使人们在自己家体会到各地的特色风景，这些也是现代环境设计中的重要一项学习项目。即使不适用复杂的材料，简简单单的纯色材料也能产生不同的效果。

（三）空间特征

环境的空间特征就是不再局限于一个建筑物，而是将眼光放到了一个城市，它们的布局位置所产生的特点就是一个城市的空间特征，这个特征也是独一无二的。每个城市空间特征的产生原因主要有以下几条：①生活习惯。人们在建造房屋的时候都是为了更加便利的生活，所以不同的习惯也会建造不同的建筑群落。②地理条件的限制。例如西北的气候以及土壤，使早期当地的人们选择居住窑洞。即使是相同气候的不同地方，他们的居住布局也会有差异，这是造成聚落变化的一项原因。③历史的变革。不同地域的文化不同，也会造成建筑物空间特征的差异。④人口的比重。中国是一个人口大国，每个地方人口数量的多少也会是建筑物建造前需要考虑的问题。自从改革开放，我国就走上了现代化发展的道路，短短30年的时间，我们完成的建设量远远超过其他国家的建设量，但这也使我们的城市面貌缺少了一份精致。迅速的发展导致我们的设计更像是生产线上的产物，而缺少了设计者对于地域文化的思考和推敲。要知道，一个城市的面貌并不仅仅是一栋栋高楼大厦，而是建筑与自然的有机结合。例如，北京的胡同巷口、上海的里弄、苏州的水巷，人们的实际活动都发生在建筑之间的空白处，即街道、广场、庭院、植被地、水面等。如果将这些空白用"负像"的方式加以突出，再把不同地方的城市空间构成加以比较，就不难看出异地空间构成的区别。例如，北京的胡同，通常宽度相同，略窄于街道，一般只用于交通，可供车马通行。每到一定深度，某座四合院的外墙就会向后退让丈把距离，且与邻院的一侧外墙和斜进的道路形成一块三角地，那便是左右邻里聚会谈天的活动场地。当然，通常还要有一棵老槐树和树下的石桌、石凳。上海的里弄则不像北京胡同那样"疏密相间""开合有致"，而是显得更加公共化、群体化。弄堂里的路呈鱼骨式交叉，一般是直角，宽度由城市街道到弄堂再到宅前过道依次变窄。与北京胡同体系比较而言，上海的住宅与弄堂的关系更为贴近。这些道路形式规整，既用于通行又用于交往联络。

可以看出，在不同的地方人们就是那样使用建筑外的环境。前几代的设计师们已经考虑过生活行为的需要，就空间的排布方式、大小尺度、兼容共享和独有专用的喜好上提出了地方化的答案，而后世的人们则视之为当然的模式并习以为常。虽然这些答案并不一定是容纳生活百川的最佳设计方式，但毕竟是经过了几代人的发展与沿袭，在人们心底已经完全认可了这种生活方式与习惯。在其后的设计追求中，并不存在什么绝对理想而抽象的最佳方式，新设计所能做的不过是模仿、补充，一切变化应是在保持原有基础上的改良。当然，新的室外空间在传统格局的城市里并非完全不能出现。它通常是随着新功能的引入而产生的，例如，在德国一些室外空间设计的限定条件相对自由的一些新兴的、人均用地相对宽松的城市。以莱茵河谷的事例为准，十几个小城市就被仅仅350千米长的罗曼蒂克大道串联在了一起。这里有古朴的建筑、铺着小石板的道路和大片的绿地，加其特有的恢弘的宫殿、充满特色的古堡以及为酿制葡萄酒而种植的葡萄园等，这些特色景观吸引了世界各地的游客参观浏览。城市到处都充满了德国历史的剪影和文化的传承，可以说是一个德国历史的写照。这种用大道将不同城市内容和形式的特点串起的文化长廊式的综合设计理念，在传统城市中并不存在，因此也可以看作是随着文化的变迁、新功能的需求而产生的更新。

如果说城市环境的出现包含形式和内容两部分的话，那么建筑的外部空间就是城市的内容，而且空间的产生并不是任意的、偶发的，更不是杂乱无序的。它的成因是人类悠久历史的产物，反映了人们的生活习惯，当然，它外在的展示也有那时候人们的设计理念。一名优秀的环境设计师必须使自己有对空间的敏感性，可以准确感应到地域的空间特征，并且以此来分析当地人们的生活习惯，以便自己能够设计出符合当地的建筑，来适应和改善环境。

当然，这些具备特色的城市特征，大多有着悠久的历史，是人口的聚集地。在我国，目前有许多的老城正在改造重建，这样做的目的是既能修缮原来破旧的建筑，也是为了使新建的建筑更能符合现在的生活方式，使城市在变更中保持原汁原味。这也是老城市建设的重中之重。

五、生态文化特征

现在的优质生活是经历了几次的工业革命才成就的，这是工业社会带给我们的福利。但是，这种福利也需要我们付出很大的代价，那就是我们的环境在一步步地被破坏，河流的污染、树木的砍伐、物种的灭绝、空气质量的恶化、温室效应等，这些都是我们现在需要迫切解决的问题。如果现在不及时的处理和解决这种问题，将会尝到我们所作所为造成的恶果，我们很有可能也会灭绝。这些问题摆在了人们的眼前，人们不得不认真思考日后应该如何发展。是减缓发展的速度，寻求保护治理环境的方法，以便达到共赢的状态，还是不顾一切地发展经济，以后的事情以后再说？作为一名以环境艺术设计为自己职业目标的人来说，应该深入思考这个问题。

首先，人类也是生态系统中的一部分，我们的发展离不开自然环境的支持。我们不仅仅是社会的一个个体、一名成员、一个对象，更是环境中的一部分，是推动这个生态系统发展的一部分。自然环境是我们发展的前提，但现在我们生活工作的环境却是一栋栋高楼大厦中，我们穿行的道路是四通八达的沥青路，这些充满着现代化元素的建筑物就像是动物们生活的森林一样，这些是人类发展的结果，是我们通过努力得来的现代化建设，但是，也正是这些设备将我们从自然环境中分离出来。我们像是被圈养在笼子中的动物一样，虽然现在生活的环境是方便快捷的，可其实外面那些看似复杂原始的生活环境才是我们更加追求和向往的。

随着环境的恶化，人们慢慢认识到自然环境的重要性，靓丽的风景、清新干净的空气，这些使我们离开令人烦躁的空调、压抑的高楼，使我们的大脑得到放松，使我们的精神得到满足，让我们真正的体会到了什么是美。在我们生活环境的周围多一些绿色，多一些花卉，多一些精致的景观，都可以提升我们的体验感。因此，现在的建筑物在建造的同时，绿化也成为一项必不可少的设计内容，甚至在人们选择建筑的时候，绿化范围也成为一项衡量标准。人们在尽可能的回归自然的生活，使我们在生活之余，尽可能地贴近自然，回归原始。这些都是建筑设计师日后要为之努力的目标。

环境艺术设计的自然景象在满足人们享受的同时，也应考虑它的功能性，主要是这些景观能不能影响建筑物周围的空气质量，能不能带给人们美的享受，等等，这些都在考验设计人员的设计能力。一个好的设计能够使周围的水流、树木最大范围的具有净化空气、调节温湿度、降低环境噪声等功能，从而成为产生较理想生态环境的最佳帮手。环境中自然景观的心理功能正在日益受到人们的重视。人们发现，环境中的自然景观能够帮助人们体会到自然的感受，能够放松人们的精神，调节人们的情绪，而且，还能使人们增加对周围的认知感，从而提升满足感。而对于自然景观的审美，也在人们心中有一套自己的标准，人们经常以这种标准来要求周围的环境，那就是一种精神上的舒适感，这就是美的环境。同时，一些合理的自然景观，可以对周围的环境产生点睛作用，可能提升周围环境的整体质量，充分发挥景观的作用。而且与实体建筑的生硬死板相比，自然景观就显得更加富有生气、有变化、富有魅力和人情味。

除了将自然景观运用到生活环境中，现下更加流行将自然景观放在我们的办公环境中，将压抑沉闷的办公室变得更加富有生气，而且还能提高员工的效率。我们可以通过在过道走廊位置，桌椅旁边甚至是办公桌上随心所欲地摆放我们喜欢的植物，使室内变得生动有趣。这种搭配可以使家居格局变得灵动，不再是生硬的棱角线条，当你面对繁重的工作无暇休息时，稍微抬头就能看见一抹绿色，不得不说这是一个缓解压力的好方式。

而且适当的摆放一些景观绿化，还可以改善办公区域内的空气，毕竟长时间坐在空调房间内会使我们感到不适，而这些植物就可以减缓这种不适感。人们通过共享空间，将各种生态元素集中在一起，创造一个充满自然风格的室内环境，然后将光源、通风等也划入考虑范围，使室内的自然环境得以发展，这样可以使人们在室内就完成与自然的接触，满足人们对自然环境的向往。

体现在广场设计中，以往的广场设计铺地面积所占比重过高，人工制造的占大多数，自然的绿化面积就少了很多，这种设计造成广场环境很生硬，没有灵动的气息，失去了让人们放松娱乐的作用；而现如今这种现象被大大改变，各种的花卉绿植使广场更加符合人们的审美需求。

其二，环境设计不是一个立即生效的艺术，它需要时间的积累，可能需要一次甚至多次的调整才能达到我们想要的效果，这就要求设计师有预估能力，因为上一次的调整是为了下一次更好的完善它，这也符合弗朗西斯·培根所说的"后继者原则"。城市环境空间是城市有机体的一部分，有它的生长、发展、完善的过程。承认和尊重这个过程，并以此来进行规划设计是唯一正确的科学态度。任何一个人居环境都不是"个人作品"，任何一位设计师都只能在"可持续发展"的长河中完成部分任务，即设计师在设计产品的时候，既要结合周围的环境，考虑以后的发展方向，也要将过去的发展历程考虑进去，以保证设计作品可以保持一个地域的延续性，不过于突兀，显得自然和谐。因此，设计作品要先分阶段考虑，之后再从大局考虑，抓住环境变化的规律，从中抓住重点，寻找环境与人们生活的平衡点，以此为基础再来设计作品。环境的设计是一个循序渐进的过程，不是一成不变的，所以，创造的时候要留有余地，不要过于激进。

其三，再环保的建筑材料也是化学成分组成的，多多少少对我们的身体有害处，例如涂料、壁纸等，这些是不可避免的。这就使得现代技术条件下的纯生态、无污染、健康绿色材料的开发成为重中之重。根据相关的研究表明：室内装修所使用的一些建筑材料在施工和使用过程中，或多或少都会散发一些对身体有害的物质，这些物质可能会导致疾病的产生，影响我们和家人的健康。所以，绿色建材的发展是整个建材市场的趋势，当市场上的绿色建材开始替代传统材料时，我们对自己的生活环境才能真正地放心，才能安心地在这些环境中工作和生活，这不仅是环境的提升，也是生活质量的提升，这才是使人们真正放心生活的最根本方式。

第三节　国内外环境艺术设计的起源与研究进展

一、环境艺术设计的起源与历史分期

环境艺术设计的历史是人类理解环境并用自身的力量构造环境的历史。它是人类的思想与意识的发展过程，是掌握技术手段的进步过程，也是人类栖居形态的演变过程。

我们从漫长的设计历史的学习中，反思并正确地评价我们现在所处的历史位置，总结我们拥有的力量，确立我们的立场。用历史整体性的眼光来看，环境艺术设计史展现的是人与环境之间在各种外力、内力作用下关系的演变，这个演变也正是人作为最高级的生物形态去主动影响改造环境的过程。

我们在学习史论的课程中，不应是生硬地记背环境艺术的面貌特征，而应是理解这些面貌特征的发生缘由，把风格演变的内容自然融合到发生的缘由中去理解。建筑及环境艺术发生的动因是求知的重点，将设计史与美术史、科技史、社会史、文化史联系起来研究，将设计的发展放置在社会背景的研究上是设计史研究的重要手段。同时，也要注意比较、分析以中国为代表的东方环境艺术与以欧洲为代表的西方环境艺术的特点及形成。

学习环境艺术设计的历史是教学中一个重要的基础，这对于我们建立正确的设计观、帮助我们理解设计的形成、探寻科学的设计方法都有重要的作用。通过对历史的浏览，使我们知道环境艺术设计的历史是在思想、技术、艺术三者的合力作用下，通过城市形态、园林（景观）形态、建筑形态这"三态"表现的，任何一种环境艺术的成就都有其自然条件、社会背景、技术进步等因素。学习历史，让我们更清楚地知道环境设计绝不是孤立进行的，它是综合着系统的动态过程，并使其成为人类文化的因子，延续着人类与自然的故事。随着人类科技的进步历程，按照环境艺术发生、发展、繁荣的顺序，环境艺术设计分为起源时期、传统时期、传统时期后期三个区间。同时，各文化区域发展经历不同，我们按照其思想特征分为欧洲、中国、美洲、两河流域、伊斯兰五大文化区。

（一）环境艺术设计的历史分期

环境艺术设计起源时期的历史包含有旧石器时代（史前到公元前8000

年）、新石器时代（公元前8000年至公元前4000年）、青铜时代（公元前4000年至公元前2000年）这三个时代。

（二）环境艺术的起源

人类文明的启蒙时期，人类面对大自然的主要任务是怎样求得生存。原始人类初步获得了制造工具的创造力，带着强烈的功利目的制造获得生存条件的武器，学会用人力抗争自然力。但由于人类自身能力的限制，生产力的低下使人们对大自然产生了原始的膜拜，特别依赖于动植物，这就是偶像崇拜的起源。随着人们走出原始丛林，仰望苍穹，逐渐形成上天、神灵的观念，产生了一些代表寻求神明的构筑物，如特里维斯纪念性的巨石的石阵。

按血缘的氏族群落和依地形、水源而聚居是起源时期主要的居住生活形态。在人类聚居的过程中，积累对自然的认识经验，考虑资源、气候、日照等因素选择住址，逐步形成了原始的聚落规划理念。从人类祖先最原始的改造环境的过程中，我们可以看到人类对自然朴素的认识，反映出人类适应、改造环境的过程就是环境艺术设计的过程。人类对生命的思考、对自然的认识反映在环境的创造上，是文化起源重要的组成部分。

随着经验的积累、新材料的发现和利用、生产力技术的提高、剩余产品的出现，在青铜器时期，工艺与农牧业分工，产生商品交换。社会关系随之产生变化，出现权力阶层。中央集权的社会关系使得建筑的布局形态呈现向心型建筑组群布局关系，另外，宫殿的林、圣所、祠堂、墓场等公共建筑和设施兴起。

社会关系的变化促成了环境艺术设计中的等级意识，对建筑和空间的占有成为区分等级的手段。

二、古代环境艺术的历史追溯

纷繁变化的环境艺术形态是由诸多因素相互作用的结果，这些因素有内因也有外因，是合力作用的过程。我们在分析整个历史的时候，通过分析其发生、发展、兴盛、衰亡的成因来找到事物发展的轨迹和线索，从而总结出其发展规律。以撰写通俗历史著作著称的美国作家亨德里克·房龙（Hendrik Ranloon），在其名著《宽容》中曾提出"绳圈"图解。他指出，当"绳圈"为圆形时，各要素的作用力相等，当某些要素成为强因子时，绳圈就成为椭圆形，而其他要素的作用力就会不同程度的减弱。这就是多因子的制约"合力说"，它表明历史现象是由许多制约的要素以及许多推动力综合作用的结果。

（一）中国环境艺术设计历史溯源

深化对中国环境艺术设计史的理论研究，应是从事环境艺术设计的一项自觉的工作。如果说我们学习西方的环境艺术设计史的重点是它人文思想的更替和环境艺术语言的丰富的话，那么，中国环境艺术设计发展的学习重点则是其建筑、园林、城市设计中所体现的对哲理思想、民族性格的关注。

中国环境艺术博大精深：从建筑的整体体系、组群布局、单体构成到部件组合、细部装饰；从建筑所反映的哲学意识、伦理观念、文化心态、美学精神、审美意匠、建筑观念、设计思想到园林意境、城市规划的设计手法、设计规律、构成机制；从对传统建筑、园林和城市规划中，我们可以看到传统文化的优秀而产生强烈的身份感和认同感，增加我们的历史底蕴，开阔我们的眼界；从建筑形态的单一更替也可以知晓、分辨文化的糟粕，从而更能看到我们的历史坐标以及与世界的关系。因此，对中国历史的学习是非常重要的。无论是学生还是设计师、老师都应主动、自觉地参与到关于中国环境艺术设计历史的学习中，作深入的研究和思考。

现代设计的潮流和民族文化的继承要求我们更深地理解、发现传统设计的精髓，更新我们的思想和超越我们的狭隘和贫乏。超越来自理解，扬弃源于继承。在本节中，通过对建筑形态、城市形态、园林形态这三个方面一一梳理，期待初期接触环境艺术者能对中国环境艺术的特点、成就及其发生机制和影响有一个整体的了解。

1. 建筑表现

中国传统建筑的最大特征就是木结构体系的不断发展和完善。世界上没有一个民族在单一材料上是如此的精益求精和执着，究其缘由，学术界也各执己见、莫衷一是。

出于对不同自然条件如气候和环境等的适应，从一开始"中国的建筑形态慢慢分化为穴居和干阑两种方式，它们分别代表着黄河流域的'土'文化的特征和长江流域的'水'文化的特征"。随着经济、政治、文化的发展，木结构逐渐成为建筑中国官式建筑的主流。

在木结构经由春秋时代的意象定型及至秦汉斗拱和台基的发展，在魏晋时期基本形成了最具特色的中国古典屋顶式——由原有的二维斜面变为下凹曲面，屋角微微翘起。后经隋唐两宋在建筑风格上的进步丰富，中国木结构建筑成就在明清时期达到顶峰，如五台山的佛光寺大殿。

中国传统建筑风格具有灵活多变而又不失整体、统一的民族性格。它时而端庄、时而雄健，时而华丽、时而素雅，它在形制体系上完整、统一，在装饰上富有细节的审美情趣和色彩上的浪漫大胆，集中体现出中国五千年文明精粹。

第二个显著特征是中国建筑布局的形态与西方古典砖石结构体系的大体量集中型建筑截然不同，属于多栋离散型布局。汉代以"人形一仗"作为权衡标准的居室单位来构成多开间建筑，并在十进制的控制下，组成大型建筑、宅院或更大规模的建筑群（这种从居室的尺度推演到外部空间的模数方法与当代空间设计理论不谋而合）。庭院空间起到了与栋之间的联系作用，使得同一庭院内的各栋单体建筑在交通联系上、使用功能上联结成一体。历来以建筑群体组合见长的中国传统建筑。明代更是达到了辉煌的成就，空间成熟的处理手法，使各类建筑得以充分的性格展现，如天坛的祭神氛围的营造，紫禁城纵横交替的平面布局节奏，明陵的依山就势，孔庙的院落组合等都显示了中国古典建筑在布局上的艺术成就，是我国文化传统中夺目的瑰宝。

木构架建筑从发生时开始，就一直以离散型形态出现。在官式建筑和民间建筑中，庭院式布局都属于主流，是中国建筑组群构成的基本方式。特别是我国丰富的民居建筑体系，反映出我国劳动人民与自然共生的过程中的建筑布局经验。

这种布局的离散结构强调出组群对环境的适应性以及人体尺度的合理性，具有很强的"实用主义"的理性特点，它根植于生活中，反映出中国传统的"入世"精神。并且，离散中又有一个强大的以儒家"礼"教为核心的思想来制衡，在建筑的形制上讲究延续性、制度化，从而形成一脉相承的文化传统。

在学习总结中国传统建筑文化中，我们要清楚地看到这种离散型布局很适应宗法制度下家族聚居需要，反映出中国儒家文化既有对建筑形态成熟并牢固的正面影响，也有阻碍建筑形态多样发展的负面干预。维护"君臣父子"为中心内容的等级制，为维系"家国同构"的宗法伦理社会结构承担着礼治、礼教的主要职能。建筑由于自身在意识形态中的独特作用，成为标志等级名分、维护等级制度的重要手段。建筑等级制浸透在城市规划直至建筑细部装饰的所有层面：有对城市的城制等级规定，有对宗庙建筑的等级规定，对单体建筑也有具体做法的等级规定。在"数""贡""文""位"等诸多方面都有具体的规定。

"礼"的思想意识里，有一部分强调历史的稳定性、延传性，延承先王建立的等级制度，一系列与之相适应的文化传统逐步形成。孔子把这种思想概括为"述而不作、信而好古"——对待旧有的文化典章、礼仪制度，应该阐述它、尊重它，而不要自行创造、自我创造。中国古代建筑的发展历程，被深深地烙上了这种"述而不作"的印记，极大地阻碍了建筑的创新意识，建筑的改革进展背着沉重的"旧制"包袱缓慢演进。例如"斗拱现象"集中反映出"述而不作"的礼教观念对建筑技术创新的严重制约。

第三，探讨中国传统的建筑形态特征时不能忽视中国建筑文化反映出的民族文化的第一面开放性特征——民族大融合促成了建筑环境艺术的丰富和繁荣。文化领域的活跃带来思想的自由，思想的自由解放反过来又促进了艺术领域的开拓。宗教的传入带来建筑新的形态和繁盛。如果单从木架构的结构原则看，确乎是所谓"千篇一律"的文脉延续，但是，在与外来文化的融合中，又产生异域建筑文化所引起的文脉变异。中国建筑史学研究表明，自西汉张骞开通西域打开了中外陆路交通以后，中国建筑逐渐出现了新的因素，到东汉，随佛教建筑文化的移入达到了高潮。

南北朝吸收的异域文化特征，在开放、兼收并蓄的文化心态下进一步发展，在技术、形式、功能几方面都反映出环境艺术的繁荣和成就。可以说，中国建筑的文脉在外来文化的激发下，发生了延续中的变异，表现出文化发展的整合风貌。

2. 城市主体

我国古代论城市建设的经典书籍《管子》在论述城市建设时，鲜明地强调了中国传统城市的理性精神：一是环境意识中蕴含的因地制宜思想；二是对规划中天人合一理想的追求；三是设计意匠中综合体现的因势利导特色。

中国的因地制宜思想是聚落规划积累的理性经验，朴素地积累着城市规划的思想，在城市、村落、住宅、宫阁、寺庙及陵墓中广泛运用，反映出建筑人文美与山川自然美有机结合的隽永意象，成为中国传统环境艺术的显著特色。

中国古代的城市规划中常见的手法是：选址上，选择河流两岸或交汇处地势较高的地方居住；建筑群体布局上，按天体星象的位置一一对应营建，体现着鲜明的礼制秩序和理性精神。

"礼制"思想对城市环境营造的约束，表现在对建筑类型上形成一整套庞大的礼制性建筑系列，并且摆在建筑活动的首位，形成了中国传统城市规划的主要特征之一。《周礼·考工记》中记载西周洛邑王城的建设左右对称、前后有序、宫城居中、划分整齐，不仅满足行为上的要求，也反映了刻意去符合儒家思想的礼制精神需求。《考工记》中对建筑的尺度数量都有明确的规定，把实际生活的需求、礼仪活动的需求、形式上的美感和巫术上的效用等几个方面都严格地整合在一起。

规划中追求"天人合一"的最终理想，不断的改造反映了我们祖辈惊人的智慧、对环境的利用和先进的生态观念。主要成就集中体现在帝都长安的城市环境中：贯穿整个城市近九公里的宏大轴线，是世界城市史上最长的一条城市中轴线，对称布置各个里坊，各种功能布局全面、系统，城市结构呈现清晰整体的面貌；在城市景观方面，前期的水利建设也提供了城市景观用水，能调节城市小气候；道路系统有街道绿化，行道树排列整齐；楼阁高贵豪华、开敞整齐，成为历史上有真正意义的城市山林。

因势利导的规划特色体现在中国自汉武帝起皇家园林就把园林用水与城市规划相结合，通过园林理水来改善城市用水。北京的圆明园、颐和园等著名的古典园林采用化整为零、集零成整的规划方法，使庞大的景观尺度成为园林的有机整体；另外，也利用天然的地貌与水资源，力求园林环境与自然风貌融为一体，如承德避暑山庄的行宫环境设计。

引人关注的还有中国古代城镇形态更多地表现出适应环境、与自然和谐的观念，讲究"藏风聚气"的空间构成和对环境生态美的追求。在山区，村镇建筑沿等高线自由布置；在背山面水的地形中，直通水源的垂直等高线成为村镇的脊线；从安全防范角度表现为封闭型向心布局；宗族聚居的村镇以宗祠为中心布局；商业发达的村镇则以水旱码头、集市位置、通衢大道形成规划布局。这些村镇都反映了中国传统思想以及古人对自然与人居环境关系的认识，具有丰富的人文价值。公元前2世纪，周文王建成著名的灵囿、灵台、灵沼，这种"一池三山"的格局，形成了中国园林的传统，初步显示了中国园林山水整合模式。

明代造园家计成在他的园林学专著《园冶》中说，园林的建造应当是"虽由人作，宛自天开"，这是对中国园林基本特点的总结。"诗情画意"是中国园林设计的主导思想，造园家总是力图在有限的空间创造出深远的意境，因而采用各种手段，造成变化、对比和层次，收到"步移景异"的效果。

中国传统园林注重对自然环境的体验，这是由中国传统的士大夫的隐士思想文化带来的影响而形成的。文人园林把人工建置与自然山水结合，如东汉隐士仲长统的园圃思想就体现出崇尚清纯、恬淡的独立人格的精神。值得一提的是，与儒家的礼制思想形成对照的是道家。"天人合一"自然观，把自然审美提到他们说的"畅神"高度，超越了"比德"的精神功利性，发现了自然美自身的审美价值，真正进入自然审美意识的高级阶段。这一点，中国比西方早了1500年。对山水意蕴的敏感，中国人可以说是遥遥领先的。这种早熟的自然审美意识，深刻地影响了中国文人、士大夫对山水美的醉心和向往，有力地促进了中国山水诗、山水画、山水散文和游记、园记的高度发展，也有力地促进了中国园林、别墅对于山水花木等自然美环境的高度关注。

公共园林的代表则是在南宋形成的特大型天然山水园林——西湖及著名的西湖十景。

明清的园林成就集几千年思想、美学和技术上的大成为一体，在组群规划、庭院布局、空间经营、景观组织、形态塑造以及小品的调度都有生动的表现：在一系列建筑序列中，结合景区特点的需要，恰当地采用厅、堂、轩、馆、楼、阁、亭、榭等园林建筑，结合山水特点，合理地设置主景点和主观赏点，结合地段特点，巧妙安排曲廊、回廊、空廊，良好地穿插尺度不一、形态各异的大小天井，取得空间的大小、明暗、虚实、开合的对比变化，形成景色多样、层次丰富、逐步展开、步移景异的建筑境界，突出多层次的复合空间，使中国古典园林达到空前的艺术成就，成为环境艺术中的奇葩，苏州拙政园、狮子林是其中的瑰宝。

（二）朝鲜和日本的环境艺术历史追溯

中国的盛唐是日本和朝鲜大量吸收中国文化的时期，他们结合本民族自身的文化及地域特色，创造出了自己的环境艺术特色。日本流行自然崇拜和杂神崇拜，用神社来供奉。朝鲜受中国木结构技术的深刻影响，特别是斗拱形态变化丰富。在传统时期，中国在经济、文化的领先地位充分说明了强势文化对弱势文化的影响。

1. 建筑表现

朝鲜的民间房屋采用木结构，形式多变、风格古朴，采用了木、瓦、石等天然材料。繁盛时期的大型宫殿与宗教建筑，带有中国晚唐特征的木建筑斗拱支撑出深远的屋顶。朝鲜在很长一段时期内都严格按照儒家的礼教制度，宫殿、寺庙和城堡都延续着雄浑有力的风格，如建于1394年的景福宫。1592年日本入侵后，朝鲜的传统风格发生了变化，用荷花、牡丹和藤蔓纹样来装饰室内环境，一度崇尚奢华的风格。

日本的神社是特有的宗教建筑形态，常建于松柏林立的自然环境，在通往圣地的道路上，名为"鸟居"的牌楼作为接待来者的空间节点，地面卵石松散，建筑质感粗糙，古朴野趣。创建于12世纪的严岛神社最具代表性。

2. 园林表现

雁鸭池是古代朝鲜著名的皇家园林，一池三山体现着源自中国的儒家思想。和中国的造园理念相似，日本和朝鲜两国的建筑园林都主张与环境的相融配搭，并且特别强调室内外环境的流动与渗透，萧索淡雅、构筑灵巧的建筑和绿意盎然的自然环境相得益彰。受禅宗思想的影响，日本的山水庭院更是偏重园林的观赏性，在观赏中传递出大自然的静谧与和谐。

（三）西方环境艺术的历史追溯

1. 古埃及

从地域上讲，西方文明覆盖的范围包括俄罗斯帝国和整个西欧，地中海是其文化的摇篮，而它的起点在古埃及。因此，古代埃及是西方文明的发祥地。

（1）建筑表现。尼罗河谷地日照强，干旱炎热。古埃及人善于运用树木和水体来营造阴凉湿润的环境，其陵墓建筑和宗教建筑最为闻名。

陵墓建筑：吉萨金字塔群是陵墓建筑的典型代表，反映出当时的数学、几何等科学的进步和建筑技术的发达。其中，国王法老的金字塔陵墓最为著名。它们尺度宏大，宏伟庄严，建筑语言恢弘，其中最大的一座高146米。金字塔的石构技术显示出坚固、耐久的特点，随着时间的推移逐渐成为西方建筑材质语言的基本词汇。

宗教建筑：卡纳克阿蒙神庙是庙宇建筑群的代表，反映出当时多神崇拜的早期宗教形态，法老代表着人与神相交的最高祭司，成为人间的最高统治者。建筑内神秘、幽暗，讲究空间形态上的轴向分布，表现出心理上的压制和对未知世界的恐惧。

（2）园林表现。古埃及园林附属于神庙建筑，是初步园林化处理的圣苑，园林设计以林木为主，设有大型水池，花岗石驳岸，种植荷花与纸莎草，并放养圣物鳄鱼。

2. 古希腊

得天独厚的地理位置、地中海宜人的气候和与外界交流的频繁使得希腊人有着积极的理性认识和平等的民主作风，审美崇尚康健、有力，富有外向而善于雄辩的哲理精神，这些都是促成希腊成为西方文明摇篮的重要因素。

（1）建筑表现。大理石神庙建筑形式成熟，特别是柱式的形式具有典型的代表意义，如多立克、爱奥尼及科林斯柱式。这些典型的柱式被赋予了象征性的意义（多立克比例粗壮、刚健，象征着男性；爱奥尼比例修长、柔美，象征着女性），反映着希腊人对自然存在基本属性的关注，是希腊环境艺术的一个重要的形式表征。经典的代表之作是建造在雅典卫城上的帕提农神庙。

（2）城市主体。希腊城市在总体布局上并不规则，城市广场成为重要的组成部分。雅典卫城是古希腊鼎盛时期的传世之作，是集建筑、城市规划的精华所在——以神庙为主体，顺应其地形特征，把海面、城市与环抱平原的山冈联系起来的自然轴线，将周围环境带进完整的和谐状态，堪称西方古典建筑群体组合的最高艺术典范。

竞技场是城邦之间进行重要交往活动的空间场所，也是奥林匹克精神的发源地，为西方广场的发展奠定了基础。

（3）园林表现。古希腊人崇拜林木，在神庙周围利用天然或人工形成圣林与神苑景观。哲学家把园林环境引入私家居所，开始发展为集绿化、雕塑、建筑为一体的艺术园林，并在罗马帝国时期长足发展。

3. 古罗马

古罗马是由意大利的一个小城邦扩展而成为拥有辽阔疆土的多元民族，在征战的过程中，由对自然的崇拜转向对帝王英雄的崇拜。它先后经历了城邦时代、共和时代和帝国时代，民主化程度总体上不断衰退，国家的统治靠强大的军事力量和国家行政机器来保证。与希腊相比，罗马人更有追求浮华的世俗化倾向，快乐主义和个人主义成为思想内核，表现为柱式与雕塑的形式倾于繁琐。并且，罗马认为自己的都城位于世界中央，对中心和秩序有着强烈的偏好，空间环境中追求正交轴线形成的中心和划分的四限。另外，罗马人发现了火山泥作为建筑材料的优越性，创造性地运用了火山灰制成天然混凝土，大力推进了拱券技术，建造起大规模的宫殿与城市，成就了罗马帝国的宏伟景观。

（1）建筑表现。万神庙是单体建筑的代表，突出宏大的尺度，建筑内部的构造系统井然有序，与外部环境的随意性形成对比。大角斗场反映出罗马人好斗、喜好群众性活动的个性，其环境模式创造具有强烈的中心感和领域性的建筑特征。

（2）城市主体。古罗马城市风格表现出明显的世俗化、军事化、君权化特征：公共浴池、斗兽场、宫殿、剧场等宣扬现世享受的建筑大量出现；为应对战争和防御，道路交通发达，城墙坚固，桥梁、输水等战略设施先进；城市街道布局整齐，在主干道的起点和交叉点常有纪念性的凯旋门，重要地段还有整齐的列柱，其宏伟壮观彰显着一种英雄主义气概。帝国广场群是罗马城市广场的重要代表，由柱廊围合，轴线感、对称感强烈，序列感、层次性丰富，是为帝王个人树碑立传的场所，也是城市公共集会的场所，投射出土权至上的理念与绝对的等级、秩序感。对城市开敞空间的创造和秩序感的建立是罗马城市规划的最大成就与贡献。

罗马帝国的空前繁盛成就了第一部建筑著作——《建筑十书》、第一部法典和第一流的城市配套设施。"光荣归于希腊，伟大归于罗马"，罗马人为自己拥有辉煌灿烂的文明成果感到无比骄傲。

（3）园林表现。园林是那些追求田园情调的人向往的场所。在阿德良宫建筑群中，建筑与室外空间变化丰富，厚重的石墙、拱券塑造出多种丰富的空间组合，出现宫殿、柱廊、浴场、剧场等功能空间，雕像、水池、树木精致地点缀着环境。

4. 拜占庭与中世纪西欧

公元313年，基督教成为罗马帝国的国教，在以后的整合与分裂中逐渐形成以西欧的天主教和东欧的东正教为主的两大支。公元4世纪末，罗马帝国分裂为以罗马为中心的西罗马和以拜占庭为中心的东罗马。公元476年，西罗马灭亡，东罗马一直延续到1453年，史称拜占庭帝国。这一千年在历史上称为中世纪时期。

在这个时期，以穹顶为显著特征的拱券结构得以发展，通过帆拱把巨大的穹隆改在方形的平面上，造成下方上圆的空间和形体。

（1）建筑表现。由于宗教的鼎盛，在战乱中的中世纪教堂建筑特别恢弘。圣索菲亚大教堂是拜占庭帝国的纪念碑，整个建筑群的尺度远远超过了罗马时代的建筑，浑圆的顶部轮廓线构成了城市典型的天际线。与拜占庭簇拥型的建筑群不同的是，西欧中世纪典型的教堂建筑呈现尖塔高耸、气势凌人的哥特式风格。如巴黎圣母院和德国的科隆教堂。以哥特式建筑的基本形态为元素的建筑组群也构成了重要的环境特色，如法国的圣米切尔城。

（2）城市主体。城市设计以广场为重点，代表为意大利的耶锡纳地区。教堂常常占据城市最中心位置，并凭借其庞大的体量和超出一切的高度控制着城市的整体布局。

（3）园林表现。庭院扩展到城堡周围，图案几何化，有迷宫式的绿篱，具有代表性的是法国蒙塔尔吉斯城堡。园林没有希腊、罗马的庭院发达，只是在宗教和世俗生活占有一定的地位，果木园、花卉园等有显著特征的园林也相应出现。

5. 意大利文艺复兴

随着1453年东罗马拜占庭帝国的灭亡，大量学者以及古希腊、古罗马的艺术成果流向意大利，促进了人文精神的传播。中世纪后期，意大利处于东西方商路的要道，产生了许多富庶的工商城市，资本主义生产关系萌芽，代表新兴阶级意识的"人文主义"精神迅速发育。

德国的宗教改革运动，打破了天主教在西欧长期一统天下的思想禁锢。环境艺术除了古典建筑、雕塑和绘画的一般性特征得到弘扬外，艺术家们更深入地讨论数学、音乐与人体比例的关系，在单体建筑、城市广场、理想城市的设计中，产生了几何整体明确、集中感强的形体与空间环境构图，反映着理性的人类场所精神，在欧洲产生了广泛的影响。

（1）建筑表现。意大利北部的佛罗伦萨大教堂，成功地综合了古罗马与哥特建筑的工程技术与古典美学原则，体量宏大、色彩鲜艳，成为城市中心。

文艺复兴时期最重要的代表性建筑是罗马圣彼得堡大教堂，集中式的平面方圆结合，主要内部空间为十字形，穹顶跨度42米，高高矗立于广场尽端。

（2）城市主体。城市广场倾于严整，突出中央轴线，广场周围的建筑底层常有开敞的柱廊，如米开朗基罗的卡比多市政广场。素有"欧洲最美丽的客厅"的圣马可广场也是文艺复兴时期的杰作之一。

同时，资产阶级要求城市建设能显示出他们的富有，府邸、市政机关、行会大厦等豪华、气派的新建筑开始逐步占据城市的中心位置。具有很高艺术修养的规划师、建筑师、哲学家、艺术家、文学家们紧密结合，共同推动着城市规划艺术的发展。

（3）园林表现。园林强烈地表现出以人为中心的世界观和突出理性规则的艺术观同建筑美一致的景观造型特征——力求使大自然服从于人的意志。园林呈正中轴布局，植物修剪整齐，几何图案的渠池以及直线、弧线的台阶，园路、矮墙在主轴上串联或对称呼应，讲求精致的人为艺术构图。

6.十七八世纪的欧洲

在绝对君权时期，古典主义引领了总体潮流，体现出唯一、秩序、有组织、永恒的王权至上的思想要求。在欧洲接受文艺复兴以后，基本都恢复了古典的建筑与环境艺术特色。到十七八世纪，出现了一些形态上的变异，其中最具影响力的是产生于意大利的巴洛克艺术与产生于法国的古典主义艺术。

巴洛克艺术不再满足文艺复兴思想的理性思维和形式的重复，而是尝试让想象力和冲动灵感在创作中运用，从而形成了巴洛克艺术风格。当倡导个性与感官体验的巴洛克艺术在意大利风行的时候，法国古典主义却走上了另一条发展道路——17世纪后半叶，路易十四统治下的法国成为古罗马帝国以后欧洲最强大的君主政权国，王权至上的观念进一步发展。形成了更重视人的理性思维、系统观念和严密形式法则的法国古典主义。

（1）建筑表现。巴洛克艺术在建筑中表现为以波浪形、椭圆的衔接等动态的手法来改变矩形、方形、圆形的静态呆板的感受；纷杂的圆雕、浮雕和到处飘逸的卷草纹样掩盖着柱、墙等建筑结构；壁画、天顶画色彩斑斓，视觉感受浮华艳丽，多见于教堂建筑。

理性的法国古典主义的建筑代表是卢浮宫的立面改造。其组织严密、构图严谨、威严庄重，以至欧洲19世纪的建筑设计仍然受到古典主义的影响，如匈牙利布达佩斯火车站。

（2）城市主体。受巴洛克艺术的影响，广场、街道和雕塑设计有了更紧密的关系，构成充满幻想的、欢快的环境气氛，强调城市景观的景深效果，如罗马的纳沃那广场，伯尼尼设计的圣彼得堡大教堂广场也是这一时期重要的代表。罗马城改建是巴洛克艺术在更大范围内城市环境设计中的体现。

法国的绝对君权崇拜使设计师发现了古典主义的规整、平直的道路系统和圆形交叉点的美学潜力，城市规划理念追求壮观严整，强调轴线和主从关系，追求对称协调，突出反映人工的规整美。这一时期的凡尔赛宫是法国古典城市设计的巅峰之作，反映出理性主义的规划设计思想，并广泛地影响着法国和其他欧洲城市，如丹麦的哥本哈根。

（3）园林表现。在巴洛克艺术的影响下，这一时期的园林对奇巧、梦幻般的环境特别钟爱：花坛、水渠、喷泉等采用多变的曲线；树木修剪形态夸张，雕琢感强；岩石、洞穴也成为重要的景观要素，如埃斯特别墅、阿尔多布兰迪尼别墅。

同一时期，在英国，资产阶级革命反对君权至上的启蒙思想动摇了古典主义的政治思想基础。在以感官体验认识的世界的思想中，具有价值的客观事物在艺术中有了较高的地位，大量的牧场和猎场使英国具备多样的自然景观风貌。这些条件和因素形成了西方世界中独特的自然园林式风景园林：花园不再属于建筑的人为艺术，在人的各种行为参与到自然的背景下，欧洲的园林设计从此走出了几何式的基本框架。代表作是英国的斯陀海德园，德国的卡塞尔的威廉牟花园。值得一提的是，这一时期英国对中国的园林设计开始加深了解甚至模仿。

（四）美洲的环境艺术的历史追溯

1. 墨西哥的玛雅文明

公元100年至900年间是中美的"古典"时期，代表是玛雅文化及其影响。玛雅人、阿兹台克人的文化建立在自然崇拜的基础上，重视时间和纪念意义。太阳、月亮、方位、季节、雨水等自然和天象景观对其有重要的意义，天文学和历法发展强劲。

玛雅人的城市科潘等，城市中心环境显示优美的仪典性神庙与广场组合。神庙以巨大的层层台基构成台阶形金字塔而闻名。塔庙的设计都按照一定的空间安排，有祭坛和记录时间历程的石柱。塔身和庙宇布满怪兽般的神灵面孔雕饰。建筑只考虑其外部的感染力，强调与神对话的宗教意义。

2. 秘鲁的印加文明

公元前4000年秘鲁文明启始，至1532年西班牙入侵结束。

秘鲁境内多山，低地景观与山地景观对比鲜明，灌溉系统良好，日照多，缺雨水。低地人充分考虑聚落与自然环境的关系，人们的构筑目的更多出于从事农业与生存的需要。

生活于山间的人们崇拜高山，观察到了它所象征的超然力量。

石制品是印加特有的，每块石头都分别加工处理过，阴刻或阳刻，以求与边上的石块相互结合。低地的印加城市都是用泥砖构筑起来，并用方形来组合各种单元。没有用纪念性的广场和通道去规划城市设计，而土地与地形的运用却是有节制而微妙的。

（1）建筑表现。山岳台建筑，多层夯土高台，形体显著的坡道和阶梯通达台顶和庙宇，防雨的维护技术使建筑立面呈现排列有序的装饰图案。亚述帝国的王宫凸显在由院落组织起来的平顶建筑中，成为环境的至高，外部形象鲜明。

（2）园林表现。园林发达，大致有猎苑、圣苑、宫苑三类。猎苑渗入到天然环境中，引水形成水池，栽植树木，同时也堆土成丘，建筑神殿、祭坛等集合场所。古巴比伦王国的"空中花园"被誉为古代世界七大奇迹之一。

（五）东南亚地区环境艺术的历史追溯

印度地区的环境艺术是宗教影响文化的极致表现，所有环境艺术中的人为构筑仿佛只为宗教而存在。公元前5世纪末，雅利安人带来"吠陀文化"产生佛教，主导印度文明。11世纪到15世纪，被伊斯兰教徒占据，凸显伊斯兰文化特征——寻找心理上的安慰，极力主张人类以自我节制的生活方式，超越人之本体，达到涅槃。

1. 建筑表现

受宗教的影响，环境艺术表现出强烈的"中心"意识，最著名的是窣堵坡——佛陀和著名僧侣的陵墓，是佛教建筑中最具典型意义的佛塔的原型，建于公元前3世纪的桑契大窣堵坡是典型代表。主体是半球形的穹顶，顶部为石柱阵，象征原始的树崇拜，主体四周围以石栏，象征着菩提，精美地雕刻着佛教故事，人们从故事中欣赏，进而在穹顶主体的空间中得到升华。

由于宗教的文化强势，使得世俗生活与世俗建筑都被忽视。石窟是另一种供修道的印度宗教建筑，如哈拉斯特拉邦的埃罗拉石窟群，石窟内外壁模仿竹、木建筑雕筑各种构件形象。随着佛教的传播，石窟艺术在亚洲大部分地区得以延续并各有特色。

2. 城市主体

采用方形、圆形、十字形等具有向心性图形，是反映《吠陀经》中对抽象神圣场所的概念的曼陀罗图形，是印度城市及庙宇设计的基本模式。

印度的宗教文化影响到东南亚的许多地区，同时也影响了其他地区的建筑和环境形态，如泰国、印度尼西亚等国家。曼谷的佛塔就是窣堵坡的变体，逐渐向高耸发展，具有在佛教环境中的至尊地位；柬埔寨的代表性的佛教建筑为金刚宝塔，下部的基座方正巨大，上方的堆塔瘦高轻挑。窣堵坡和金刚宝塔这两种建筑形态都是以自我为中心的实体性建构，对周围形成心理和视觉的控制力。印度尼西亚的婆罗浮屠（千佛坊）更是以宏大的阵势，来引导人们产生宗教膜拜心理。

（六）伊斯兰教地区环境艺术的历史追溯

公元前7世纪，产生了伊斯兰教，穆斯林文化由此发展。7世纪中叶后，阿拉伯扩张到中亚、北非及欧洲的比利牛斯半岛，广大的幅员内都接受了伊斯兰教，入侵和统治这些地区的土耳其人、蒙古人也都接受了伊斯兰教。

战争的频繁使得宗教成为精神的避难所，并成为进行征战的有力武器，同时也加强了民族间的交流融合。《古兰经》影响了所有伊斯兰教信徒的思想、艺术乃至于环境设计。如果某个宗教加上好武和攻击性强的特点，便会给其他文化产生影响，形成强势文化，从而进一步影响到其他地区。

1. 建筑表现

土耳其的清真寺建筑在伊斯兰世界中别具一格，借用了圣索菲亚大教堂的基督教堂形制和结构。由于伊斯兰教禁止偶像崇拜，所以寺内一般没有人物或动物的雕像。清真寺整体造型方正浑圆，形体突出，门洞进深较大形成明确的阴影关系，镂空窗格给单纯的立面带来丰富的肌理变化和美感，视觉感受细腻。拱廊节奏单纯，但在局部有装饰性的处理，如拱券有马蹄形、花瓣形等多种样式。14世纪以后，马赛克和琉璃砖被大量运用，色彩富于微妙的变化，整体统一并富有光泽，青绿色为其主要的色彩体系。

陵墓建筑直接借鉴了清真寺建筑的造型，印度境内的泰姬·玛哈尔陵以宁静飘逸、超凡圣洁的艺术魅力而远近闻名。

2. 园林表现

以清真寺为主的矩形庭院，中央设有水池，联拱廊一面进深较多，形成礼拜堂。外围是厚重的实墙，内外环境区分明确，但庭院与联廊、礼拜堂没有严格的分界，空间通透，便于交流。

其他的宫殿或私家庭院基本为绿化的庭院，都以《古兰经》对天国的描绘为蓝本，中央地带为十字形的水渠，中心是喷泉，周围是花圃。比利牛斯半岛格拉纳达的阿尔罕布拉宫（红堡）是伊斯兰世界最美丽的庭院之一，反映了宗教情感与冷静的哲学思想的兼容。

3. 城市主体

矩形的房屋和院落的组织构成伊斯兰地区的城市特征，好似迷宫一样的城市空间环境近似得让人很难辨识。然而，清真寺突出的轮廓线和体量以及在区域中形成的邻里中心，让城市的空间节奏有所缓解。

另外，伊斯兰地区城市也显露出很强的防御性，如巴格达城、科尔多瓦城。

三、近代环境艺术的发展历程

（一）近代环境艺术的发展

19世纪末到20世纪初，西方世界经历着技术与经济的飞速进步，特别在设计领域中，随着钢铁、玻璃和混凝土等新材料的产生和广泛运用，设计师们也开始探索和变革设计语言。经济的发展和文明的进步带来追求革新的社会思潮，使得艺术门类之间相互吸取灵感，设计来到一个新的时期——现代主义主导的历史阶段。如法国的巴黎万神庙、国家大法院；哥特复兴以其张扬的艺术个性和民族精神在英国、德国广泛流行，如英国新建的国会大厦；折中主义借古典的建筑风格或异国情调来产生丰富多彩的新形式，如巴黎的圣心教堂。另外，冶金业的发展使铁技术突出，铁结构的建筑显示出其新颖的结构，如巴黎的埃菲尔铁塔、伦敦的水晶宫。

（二）欧美新建筑运动

新建筑运动作为探求建筑设计的方法，主要在建筑语言、建筑手段上作了一系列尝试，是现代主义建筑的准备，主要有：工艺美术运动、新艺术运动、维也纳学派和分离派以及德意志联盟。其中值得一提的是德国包豪斯设计学院的成立，它以其倡导的平民化思想、手工技能和创意思维的训练，以及对形式美在理论上的探索，对后世的设计思想和设计教育产生了深远的影响，出现了格罗皮乌斯、密斯·凡德罗、勒·柯布西耶等重要的人物。

（三）城市设计领域

生产力的提高、人口的膨胀和资产阶级革命，使得城市公民具有平等的法律地位，社会具有自主性，人们有权利改善自己的生存环境。因此，公共卫生、环境保护和城市美化运动先后改变和主导了现代城市面貌的形成。

在城市环境设计领域，最为知名的便是奥斯曼主持的巴黎城市改建：突出了南北和东西两条主轴线，形成了体现环境场所的城市节点空间。东西向的星形广场、爱丽舍大道、协和广场、丢勒里花园、卢浮宫与南北向的林荫大道联系南北两个铁路终点站。道路重视绿化，街道设施统一，沿街建筑立面以古典复兴以来的形式为主导，使巴黎成为最美丽的近代化城市，欧洲其他国家也纷纷效仿。

（四）景观设计领域

18世纪末到19世纪初，园林形态的变化以"英国公园运动"和受其影响的美国公园设计为主导。英国的公园运动注重把乡村的风景引入城市，改变城市中以街道和点状的广场组成单一的面貌，如伦敦的摄政公园、圣詹姆斯公园等。

受英国公园运动的影响，美国这个移民国家，在以棋盘式为基础的城市规划中引入了大型的城市公园，最具代表性的是由奥姆斯特德设计的纽约中央公园。以此为起点，自然景观开始越来越受到设计师的关注，生态公园出现。奥姆斯特德率先提出以建筑结合自然风景的景观建筑学概念，在近现代建筑学发展中不断完善并取得重要地位。

在景观设计领域，新艺术运动的代表是以曲线著称的西班牙建筑师高迪，其设计更加亲近人性行为，更趋向于获得感官的刺激。

四、现代环境艺术的多元化发展

20世纪初，现代建筑的经济性、模式化和规模化，适应了两次大战后极需休养生息的社会要求。现代建筑起源于欧洲，德国的德意志联盟、包豪斯设计学院，俄国的构成主义运动，荷兰的风格派运动是现代主义运动的重要内容。德国的格罗佩斯、米斯·凡德罗，法国的柯布西耶，芬兰的阿尔瓦·阿图和美国的赖特是这个运动的中坚人物，他们的个人才华和思想持续影响着城市设计领域、景观设计领域以及建筑领域。

20世纪是工业化迅猛发展的时期，在20世纪50年代，由于各种社会矛盾的作用，多元化的价值观凸显。在设计领域，建筑运动经过反复的探索，对设计本质有了更为科学的理解和认识，以科学化的理性思维著称的现代主义终于成熟——设计成为一种解决问题的途径，以使用功能和结构性质为依据，合理地处理生产、经济与艺术之间的关系。

如今，人类的文化已非原始的多元产生发展，也非中世纪后期的海洋性文化交流，而是全方位无所不在地交融、演进，形成螺旋上升的往复运动。环境艺术的地域性差异或区别正在缩小，当代自然科学正将不同区域、不同民族之间的距离拉近，人们都正将各自的文化融入其中并发展它，从而使其成为人类共有的财富，这正说明人类文化的发展已步入一个高度的演进阶段。

（一）符号语言的探索

符号化的环境艺术，是指把一定范围内人们熟悉的形象当作文化符号进行组织，通过隐喻、象征的手法，营造出具有特定意义的建筑景观环境。

古典主义建筑语言的回归，运用新材质、抽象化的手段给人耳目一新的感受，如日本的博多水城街景；历史符号语言的介入，使建筑和环境充满文化感和人情味，如纽约的电报电话大楼；隐喻的语言又从表达的模糊性和内向性特征丰富了符号语言，如波特兰大厦。此外，穆尔设计的新奥尔良意大利广场圣约瑟夫喷泉小广场、矶崎新设计的日本筑波城市市政大厦和迪斯尼总部都体现了设计学在语言符号领域中有益的借鉴。

园林景观则以丘奇模仿自然的朴素庭院设计和雷·马克思以拉丁美洲的传统特点与表现主义手法塑造的曲线生物形态的现代园林为代表。

（二）多元的碰撞

现代社会的多元现象是现代及后现代设计的土壤。艺术与技术、社会与个人、历史与现实、人类与自然、文化的共性与差异这些多元化思想的相互碰撞，让建筑和环境艺术设计师们也以自己的方式发出自己的心声，以下举三例来说明：

（1）一部分设计师用材质的特性来塑造雕塑般的建筑形体，如门德尔松的爱因斯坦天文台、廊香教堂、悉尼歌剧院等都倾向于采用波浪曲面的形体来表达对自然肌理的美感。以赖特为代表的建筑师提出有机建筑的概念，主张结合自然地形，运用木材、砖石等传统材料和空间形体的变化表达建筑与自然结合的理念，以流水别墅为主要代表。

（2）生态和环保的呼声带来设计领域的新探索，以生态原则为设计主旨在西方国家大规模地发展国土规划和区域规划中得到运用：如德国卡塞尔的奥尔公园、杜伊斯堡风景公园等。建筑设计领域，阿拉伯郡史前中心利用厚重的土层营造建筑室内小气候、格斯里高尔夫俱乐部运用新技术减少建筑能耗、阿拉伯世界文化中心运用可调节视窗来调控整个建筑的能耗等，都是生态主义思想带来的成果。随着对环境生态认识的加深和建筑技术的发展，生态化的设计思想会成为可持续发展的主导思想。

（3）人们也认识到历史文化遗产是不可复制的人类文化资源。在保护和利用历史文化遗产方面，代表性的项目有：继续使用原有建筑的巴黎奥塞博物馆改造，对历史建构重新利用的横滨的石造船坞，历史保护地段的澳大利亚悉尼的岩石旧城保护和罗马市中心的废墟群等。

（三）用技术说话

框架技术的广泛应用使得建筑物形象非常统一，内部空间布局自由，并为材质提供多种可能性。米斯·凡德罗设计的巴塞罗那世界博览会的德国馆解放了墙体，用钢和玻璃突出在空间形体中的表现力；柯布西耶则用混凝土塑造鲜明的几何体和粗犷的形象；丹·基利的达拉斯联合银行也使用网点布局的几何化平面构图来划分景观空间。

技术的发展提供了形式上更大的可能性。法国巴黎的蓬皮杜艺术中心是高技术建筑的代表作：巨型的机器化的建筑形态和直接暴露出管道的建筑结构，表达出作者对技术手段的张扬。使用通体玻璃和铝制幕墙的光洁表面来展现技术美也是高技术风格的表现，如巴黎的德方斯新区。

城市设计中，提倡用大型的、预制标准化构件装配的巨型结构，如英国提出的插入式城市、美国的空间城市等。高技术风格不仅满足于形式上对机器美的追求，同时也运用金属、塑料、玻璃、橡胶等材料与灌溉喷洒、风景照明、植物栽培等技术相结合，为更广阔的城市领域服务。

（四）哲学与逻辑学思考

设计领域的推陈出新还涉足哲学、逻辑学等领域，如针对结构主义的解构主义哲学思想就被运用到了环境艺术设计之中，以一种不统一、混乱的设计表象来颠覆结构主义的稳定、均衡、有序的特点，代表人物有建筑设计领域的盖里、景观设计领域的屈米等人。

第四节　新时期环境艺术设计的特点与发展趋势

20世纪90年代以来，我们这个时代已进入了一个取向多元化的新时代。流行趋势的回溯成为一种司空见惯的文化现象，对传统文化的传承和革新是人们创造灵感的新来源，是当代美学中不可缺少的一部分。因此，传统的理念和设计风格被当代人们所尊重而不是不断被推翻，"解构主义""后现代主义""晚期现代主义""新古典主义"等风格也仅仅成为一种名称，其设计理念的内涵已被当代设计者重新思考和融合，形成了以自身的发展定位以及艺术未来发展方向为核心的新的设计思维。

21世纪环境艺术设计的宗旨是利用科学技术将艺术、人文、自然进行整合，创造出具有较高文化品位，合乎人性的生活空间。

回溯以往，人类的发展就是不断地适应自然、改造自然的过程，为了自身的需求和享受，人类无节制地破坏着自然界生态平衡，而使得自身的发展也受到了威胁。人们在深刻反思之后，意识到设计还必须兼顾环境保护和可持续发展，而不单单是满足人类的生活需求，相对地，好的设计反而也是一种改善自然环境的有效手段和措施。

　　除了生态环境的保护，21世纪的环境艺术设计还需要面对另一大课题，那就是融合最新的科学技术。通过了解科技手段的发展，设计者能够顺应时代的需求，设计出更先进的产品从而获得更大的经济效益。因此，科学技术的应用是环境艺术中极其重要的一环。

一、环境艺术设计的生态化

　　人类文明的发展必然伴随着对自然的改造和掠夺，不可否认的是工业文明的进步确实提高了生产力，改变了人们的生活方式，但也造就了人类的贪婪和毫无节制地索取地球资源的文明形态。人类赖以生存的地球资源在极度消耗，自然环境在极度恶化，越来越多的淡水和空气受到严重污染，越来越多的生物物种濒临灭绝，生态已经严重失衡。如果人类仍未意识到问题的严重性，继续消耗式的发展模式，人类自身也将最终无法在地球上生存下去。

　　人类应该警醒并积极思考，我们将如何延续地球的寿命，以什么样的发展模式来实现可持续发展。过往以破坏环境为代价的经济发展是不可取的，作为环境艺术设计专业的设计师，应思考怎样将先进的科学技术用于设计之中，来实现环境保护和可持续发展。

　　人类的生存环境中，自然环境是不可或缺的一部分，因为人不仅具有与家人、朋友交往过程中体现的社会属性，同时具有与空气、水、阳光、树等自然物质密切相关的自然属性。所以，人作为自然生态系统的有机组成部分，与自然要素间有着与生俱来的和谐。

　　可是现代人类越来越多地脱离大自然，而选择城市作为生活环境。城市中拔地而起的高楼大厦代替了自然中由树木组成的森林，城市中建筑的空间扩张代替了大自然中的悬崖和峡谷，人类以高度的文明程度和先进的制造技术，创造了城市这个舒适的生活环境，但城市的形成也伴随着人类文明的异化。人类将大自然改造为城市作为生存空间，人类将野生动物驯化变为家养的动物并关进笼子里，就像也将自己本身关进了城市这个巨大的笼子里，与自然越来越远。因此，越来越多的人意识到人类与自然的天然联系，渴望回归自然。

　　由于人们对自然环境重要性的认识不断加深，自然景观逐渐成为关注的焦点，因为在工作或生活环境中优美的自然景观，不仅仅能给人带来美的感受，还有利于身心健康，帮助舒缓压力，提高工作效率。在城市的各个部分适当设计绿色的优雅的自然景观，都能够产生有利的影响。例如办公建筑内部、建筑外部空地公园、私人住宅、公共环境中都需要环境设计。设计师在满足了人类基本的生存需求之后，大量的精力投入在将大自然的因素引入人类生存环境设计之中，在城市中再次创造自然景观。依靠当今先进的科学技术，以及环境艺术设计师的设计工作，在城市中生活的人们这种亲近自然的需求很容易被满足。

在环境艺术设计中引入自然景观，具有多重功能，主要包括：生态功能、心理功能、美学功能和建造功能等。①生态功能。主要是指绿色植物和水体的引入，可以起到净化室内空气、调节温度湿度、降低环境噪声等作用，将人们的生存环境变为了更理想更生态化的区域。②心理功能。自然景观的设置可以满足人们亲近自然的需求，帮助人们获得在自然中般的感受，起到舒缓心理压力、调节烦躁情绪、放松心情的作用；另外，自然景观还可以激发人的某些认知心理，使人获得相应的认知成就感。因此，自然景观的心理功能越来越受到设计师的重视。③美学功能。自然景观常被用于美化和装饰环境，成为人们的审美对象，使人获得身心的愉悦，获得美的享受。④建造功能。自然景观在空间环境设计中常常起到空间限定和联系的作用，以提高环境的视觉质量，并且比使用实体建筑构建更加灵活，也更有生气。

自然景观用于现代办公环境设计中，就产生了目前受到强烈追捧的"景观办公室"的概念和风格。顾名思义，"景观办公室"即办公室里充满了绿植。但不仅仅是这样简单，绿植还改变了办公室原有的结构，根据工作流程、工作关系等人文元素设置办公空间，自由布置办公桌椅，不仅营造了轻松愉快的办公环境，也彰显了人文精神和人情味，通过环境的设计就能让大家像家人一样友好互助，办公室也像家一样舒适自如。也正是由于"景观办公室"中愉悦轻松的办公氛围，消除了工作原有的紧张感和单调感，能够缓解工作压力、减少工作疲劳、从而提高工作效率，也能够促进人际交往和信息交换，形成积极乐观的工作态度。

在城市广场设计中，自然景观的引入打破了传统的铺地面积较大、人工手段较多但没有活力的设计模式，设计师们考虑到人们的休息、交往的需要，广场的设计更加重视自然景观，并逐渐向着人情味的方向发展。

室内环境设计与自然景观的结合，就产生了共享空间的概念，即以各种手法将自然环境中的各种要素呈现在室内空间中，形成一种自然环境生态空间，使人们在室内就能够最大限度地接触大自然，这种设计为人们创造了室内自然环境，满足了生活在城市中的人们向往自然的需求。

在建筑设计方面影响环境的因素还包括建造过程中使用的一些材料和设备。研究表明，部分室内装修装饰材料在施工中和使用中都会散发有害气体和物质，污染空气，影响健康，例如 些涂料、油漆和空调等，都会不同程度地影响空气清洁和人身安全。因此，开发新型的无污染绿色建筑材料，也是环境设计的任务之一。

因此，绿色建筑材料的研发是当务之急，只有当新型环保材料逐渐取代传统材料的市场时，人们才能实现环境质量提升、生活品质提升的目的。新型环保材料的出现将使经济效益、社会效益、环境效益达到高度统一，让人们在清洁、安全的环境中健康地生活。

总之，新时代的环境艺术设计必须遵循生态化的原则，其包含两个层面的内容：①设计师本身不会制造环境垃圾，从设计材料和生产过程尽可能地节约资源和保护环境；②设计师为城市里的人们将自然景观"搬"进室内，让人类接触自然感受自然。这两点就构成了绿色设计的要点。

二、环境艺术设计的科技化

20世纪，随着科学技术的迅速发展，特别是新型建筑材料的出现和建造技术的使用，环境艺术设计在作品艺术表现力和感染力上获得了前所未有的发展，科学技术为环境艺术设计提供了更多的可能性，两者相结合就创造出了新的艺术形式。

媒体技术的发展带来了当代正在发生的媒体革命，信息的获得越来越广泛、高速、透明化，互联网遍布世界的各个角落，在社会经济、信息体系、娱乐行业等方面影响着人们的生活和工作方式。"互联网多媒体服务"是计算机技术与电视技术融合发展的产物，是未来的黄金领域，而这个全新的有活力的市场在建筑师和室内设计师眼里也是一大机遇。

美国1994年出版的《电脑空间与美国梦想》一书中提出："电脑空间的开始意味着公众机构式的现代生活和官僚组织的结束。"未来公司的工作程序和组织程序也主要是建立在电脑软件和国际互联网的基础上的，传统的建筑环境架构将被淘汰，组织结构变得越来越虚拟化，多维联系超越了空间关系。

例如，公司与雇员之间的关系也并非传统的行政体系，而是雇员们由于工作场所的不确定，成为"办公室游牧族"。在美国的齐亚特／戴伊（Chiat／Day）广告公司的分部里，便携式电脑台、各式电源插座都在静候着公司的游动工作人员。世界电脑巨头国际商用机械公司（IBM）现在仍为其半数的员工保留固定的办公单位，但在将来，公司计划仅留20%的员工在办公室里。

（一）科技发展对环境艺术设计的影响

科技的发展进步未来将成为环境艺术设计的主宰因素。因为通过智能化的设计手段、智能化的环境空间等，科技已经渗透进人们的工作生活中，能够影响和改变设计师的设计方式、设计观念。对于环境艺术设计，科技化形式可分为以下两个方面：

1. 以计算机、多媒体作为环境艺术设计的工具

科技手段对设计师来说能够帮助他们更容易地完成设计工作，是强有力的一个辅助设计手段。例如，计算机的几何建模功能，可以为设计师表现出高度复杂的空间结构；计算机强大的计算能力可以实现比人工更大范围的描述和计算，可以实现任何风格的设计试验，大大延展了设计师的想象能力和创造能力；模拟程序能够准确模拟各种技术设备的运行状态，以供设计师去设计出理想的效果；最后互联网强大的通信能力，使得设计师可以随时与业主进行各种方式的沟通，以更好地符合设计需求。

2. 新型建筑技术和建筑材料的广泛应用

随着科技的进步，建筑技术不断更新，新型建筑材料也不断涌现，设计师们也有越来越多的选择。对一种新型技术或材料从接受到熟练使用还是有一个过程的。当面对新型的建筑技术或建筑材料时，通常设计师会从模仿和借鉴已有的表现形式开始，到逐渐掌握其性能之后，就会脱离原先的风格，能创造出这种技术或材料新的设计风格。而且不同的设计师面对同一种材料，也会有不同的表现方法和设计风格。例如钢筋混凝土这种建筑材料，在勒·柯布西埃的手中就显得粗犷、豪放，而在日本建筑师安藤忠雄的手中，则呈现出精巧、细腻的风格特点。

（二）环境艺术设计科技化的体现

工业化的飞速发展使得环境艺术设计需求有巨大增长，而规模化生产、产业化运营则是满足这一需求而产生的结果。将建筑材料、构件、装修材料、家具等投入规模化生产，生产出标准化批量化规格化的产品，直接用于施工现场，就可以将现场施工变为场外加工，现场只需装配即可，而不是像传统的施工现场，各工种在现场施工，制造空气污染、噪声污染，并无一定的秩序。产业化之后的构件生产和使用过程，污染减少了，效率提高了，整洁度也提高了，因此代替了传统施工现场。科技手段的发展使让每一个构件的精密生产成为可能。

环境艺术设计的发展离不开技术的支持，正如德国建筑评论家曼弗莱德·赛克（Manfred Sack）所说：“技术它成为建筑构造学的亲密伙伴。”但中国的环境设计师大多数仍然使用较为传统的设计过程和建造技术，设计师往往重视形式的设计过程，而忽略了最新的技术发展如何为环境艺术设计增加更多的可能性。同时，也不能过分追求技术上的先进，科学技术的运用只是手段而不是目的，是为了更好地为环境艺术设计提供帮助。

正确的认识是：在有利于生态环境保护的技术基础上，开展环境艺术设计的科技化进程。强调"技术与人文、技术与经济、技术与社会、技术与生态"四种关系间相互调和的综合分析，凸显出科学技术在环境设计中的重要作用，而在不同类型的设计项目中科学技术的地位不尽相同。为了取得良好的经济效益、社会效益和环境效益，应深入分析科学技术的发展趋势，并推动其在环境艺术设计中的进一步应用。

环境艺术设计的科技化包含以下五个方面：

1. 信息化

信息传递不对称，使我们的设计师在设计资料和信息的收集时，受到了前沿信息封锁的限制，我们拿到的也是比较落后过时的资料，从而无法与其他设计师进行交流和联系。因此，信息化程度影响着我国设计国际化的专业化的发展。

2. 国际化

由于市场需求，许多国外的建筑师、设计师参与我国设计项目的完成。这种国际化趋势会不断地持续下去，并且，也只有通过国际化活动，才能缩短我们与国际先进水平的差距。

3. 计算机化

计算机化主要用于设计师的绘图过程，虽然目前大部分设计师仍然沿用传统的手绘图，说明手工绘图仍然无法被计算机绘图所替代，但是计算机绘图也有其功能上的优势，例如可以与业主及时交流；可以控制室内气温调节、供暖、防晒和照明，在设计中尽量减少消耗，发挥建筑的经济和生态效应。

4. 制度化

现有的环境艺术设计法规包括建筑法、城市规划法、环境保护法、消防法等，缺乏环境艺术设计专业法规，制度化的形成可以规范设计和施工中混乱不堪的现状，对设计师来说可以，规范化的行业运营也有助于他们提升设计质量。

5. 施工现代化

现有的施工技术，是比较传统和落后的，已不适应当今社会的发展。我们必须发展适应当时、当地条件的"适用技术"。所谓适用技术，简而言之就是能够适应本国本地条件，发挥最大效益的多种技术。就我国目前的情况而言，适用技术包括先进技术，也包括"中间"技术以及稍加改进的传统技术。也就是有选择地把国外先进技术与中国实际相结合，运用、消化、转化，推动国内环境艺术设计和实施技术的进步，将国内行之有效的传统技术用现代科技加以研究提高。既要防止片面强调先进技术而忽视传统技术；又要杜绝抱残守缺，轻视先进技术，而不去作全面的研究和探索，过分地依赖传统技术。

20世纪80年代，工业时代的社会环境造就了人们追求赶超、渴望现代化的思想和行为。整个社会向往工业化和新文明，崇尚科学技术和新型的生活模式，传统文化和传统制度被极大程度地冷落和忽视。发展中国家纷纷效仿照抄西方发达国家的发展模式来用于自己国家的经济发展，人民生活也崇尚西方国家的生活方式，而抛弃了自己的传统和优势。事实证明，这样生硬地照搬是行不通的，并且不恰当的发展方式有可能给自己国家带来危机，例如90年代末东南亚地区的经济危机。但为了追求社会进步，紧跟产业化和国际化的发展趋势，人们开始理性地关注社会本身，思考怎样才是适合自身的发展方式，在发展现代化技术的同时，也极大地重视传统文化的传承与发扬，将现代化建立在传统文化牢固的基础之上。

三、民族、本土化

自人类社会发展到1990年以后，全球在文化布局上进行了翻天覆地的变化。然而，当今社会上已经悄然形成了全球化、本土化的两个方向的转变。首先，第一世界运转跨国资本时就为全球文化贡献了最重要的作用。文化工业、大众传媒在国际化的进程上并不平坦，但是仍然进行着飞快地变革，正如现下流行的词汇"地球村"。世界性的意识在原有的基础上已经开始一夜消失无踪，支配性的价值已经由消费的神话渐渐转变。由此，我们可以得知西方社会所包含的知识、技能、美学、处世之道开始在全世界范围内到处传播，并占得了统治性的地位。如此，世界非地方化、经济、文化等世界性因素逐渐开始占据了主导地位。这就使得人类的外围环境开始越来越类似。

世界由全球化生成了本土化，然而本土化并不代表现代化，本土化是对后工业社会的自然选择。这种自然选择为社会发展提供了另外的一种新选择，那就是民族自我发现、认证的新道路。我们面对日新月异的世界化，面对各种精神统一化的压力，个性发展开始成为一种决定性的需求，这就是对特性需要的体现。由此，我们可以得知民族文化特性正在以现代化为基础作为一种巨大的社会力量，包含着历史、文化、政治、宗教等背景，它开始在民族社会中占据了主导地位，而这个民族是指非发达民族之外的民族。对此，人类更加弥足珍惜从传统变化而出的一些因素，开始特意表现自身的个性特征，逐渐有目的的突出地区文化，追求区域特性、地方特色。对此，人们开始发现"越是民族的，越是世界的""越有个性，就越有普遍性"，这种现象是一种自然反复发生的现象。

环境艺术设计在21世纪的当今是一种文化需求，在建筑文化中占据了主要力量，由此肯定会与其他文化艺术一样存在着回归的现象。这种情况就是我们通常所说的环境艺术设计的本土化，这是世界文化发展的必然。

实际上，地区主义是以本土文化为基础，它的起源从很早就开始了。回溯历史，我们可以发现这种创作思想实际上是由孟德福国际主义的年代产生的。这是最早的地区主义创作理论，可在当时并没有引起人们的注意。1970年之后，全球建筑设计界由于发行的《没有建筑师的建筑》引起了轰然反应。那些被人们所忽视的地区主义设计被重新发掘出来，而且，有些从事"地区主义"创作的设计师也重新引起人们的重视，人们对他们所做的工作进行重新评价，其中最有代表性的人物是阿尔瓦·奥托。他的创作不但在国际通用，更是直接反映出了人文主义、地区主义等特点。

设计的民族、地方性在建筑领域、环境艺术设计领域都占据了比较重的比例。然而这些年，时间的更迭，这两个领域的问题却在渐渐淡化。我们对其根本原因进行考究，这种淡化主要是由民族性、地方文化情态在淡化引起的。分析其原因，首先是加强了社会文化，推动了科学发展进程，促使世界文化开始文化趋同。这个时候，我们认为环境艺术就是目的性和艺术欣赏性统一，它在自然环境和社会环境中始终存在。这种要素，已经限制了建筑形态，形成了各自特点的乡土性设计文化。环境艺术设计是一种文化，具有地域性的特征。通过它能够反映出不同的风俗人情、气候条件等自然的差异，以及不同的文化内涵。

为了有效应对目前中国环境艺术设计领域混乱的问题，学者表示本土化的概念是有着深远影响的。芬兰一位著名的女建筑师表示，今后的国际化是文化与地区的特色。设计师们不仅要摸透世界各地的建筑文化，更要在设计中不断追求地域性特色，以此进一步继承地区文化。

"文化趋同"开始作为一种趋势在世界上大面积传播，它是由文化交流、科技进步引发的。探索设计是非常艰难的，往往需要设计师付出巨大的工作量。有的时候，甚至一代人、两代人都不一定完成这种探索。而设计师们将一直进行探索，因为文明不断变更，社会不断发展。由此，我们可以得知设计是一直延续发展的。我们所知道的，在很早的时候人们就已经开始了这种探索，从未间断，但是没有像现在这样得到人们重视。以芬兰建筑师阿尔瓦·奥托、印度建筑师查尔斯·柯里亚、埃及建筑师H·法塞等人为代表的设计师，长期从事这种探索。尽管他们质朴无华，但都蕴涵了伟大的洞察力和深邃的思想。

阿尔瓦·奥托在设计方面的贡献为平衡新旧关系。他始终对自然、工艺进行比对，同时结合人类行为、自然环境、建筑三者之间的关系，证明了区域特色的追求并不与现代化相悖。这种提法在建筑设计、环境艺术设计中有所表示，同时也在家具设计中进行了展示。家具设计的时候，阿尔瓦·奥托将区域色彩全面贯穿在机械制造中，这就确保了他设计的家具同时具备地方特色和时代感。

查尔斯·柯里亚将网格上单元的自然生长方式引入到设计中，同时着重加强建筑空间形态与当地气候条件相匹配。由此，他是第一个将传统色彩、装饰融入至现代建筑空间中的设计师。他同时将自然环境、社会环境进行了融合，创作了许多传统色彩的作品。查尔斯·柯里亚认为建筑师要研究生活模式，探讨了适合印度地理、经济与文化的建筑。由于柯里亚的卓越贡献，1983年获得英国皇家建筑师学会金奖。

法塞在乡土建筑文化领域做出了不可抹灭的贡献。他表示，人口剧增、技术进步推动了新技术的应用，并且已经开始得到了利润，但是也引发了传统技术的消失、老匠人的流逝。事实上，广大范围内的地区已经开始没有精力采用新技术，这就导致了居住问题渐渐严重。法塞长期在住宅建设工作中付出心血，重新探索地方建造方式的根源。他将社区成员训练成建筑师、艺匠，教导他们自己建筑居住环境。工作中，他赋予了地方文化应有的地位。普通人在设计贫民窟时完全是同情而忽略了审美，而法塞认为就算泥土搭建的穹隆，也要具有自身的艺术魅力。他"在东方与西方、高技术与低技术、贫与富、质朴与精巧、城市与乡村、过去与现在之间架起了非凡的桥梁"。柯里亚称他为"这一世纪真正伟大的建筑师之一"。正是由于他"为穷人的建筑"的重要贡献，1983年获得了国际建筑师协会授予的金质奖章。

像上述这些设计师，他们克己为公、履职尽责，通过长期艰苦卓绝的工作为探索民族化、地方化提供了大量支撑性的理论经验，概括为以下几点：

（1）充分建立自信。经过急躁和痛苦的感慨后，国内的设计师自我反思到"现代化"并不等同于西方模式的认同，现代化应该表示为新的选择，从而确定一条自我发现、认证的新道路。柯里亚表示，现代主义建筑倘若以印度传统建筑为底板，它就会日新月异、改头换面。因此，中国的设计师对国家、民族的文化应该有信心，不能盲目追风西方模式。

（2）研究比较世界文化。知己知彼，百战百胜。这句俗语说明我们在做研究工作时，要同时结合民族文化和外来文化。如此这般，我们才能认识自己、了解世界，从而达到"博采众长，融会贯通"的目的。

（3）必须以本民族传统文化为根本。设计工作要包容外来文化，祛除一些盲目的模仿，要对国情、民情充分调研，以国人需求、生活方式为根源。中国设计师受西方文化影响，学习了精华，但也学习了许多糟粕，这是因为研究传统文化不足，甚至没有研究，造成很多的设计变成无源之水、无本之木。这种情形，导致了历史虚无主义。

（4）设计要兼具现代化的特点。我们要继承、发展、创造传统文化。只有这样才能推动传统文化发展，才能适应最新的科学技术、社会生产力，才能适应国情、民情，满足国人对设计最初的需求。

设计师的历史责任就是创新出环境艺术空间，任何一名设计师都是责无旁贷、义无反顾的。当前文化多元共存，促使民族特色在环境艺术设计中表现出来，极力营造环境艺术空间从而反映出地方特征、风俗习惯，这是我们必须要研究的。当下，中国的设计师有着丰富的国外经验和实践。只有不断的实践，设计师才能少走弯路，通过自身的创新探索出与中国国情相匹配、体现地方特色的创作方法，从而推动中国环境艺术设计事业茁壮成长。

四、环境艺术设计的时代精神

1990年，人类处在的时代表现出两个现象：市场化和消费化。现时代是一个市场与消费的时代，人们共同消费，共同分享信息，这就导致了消费的同化。马尔库塞说"人们按照广告去娱乐、去嬉戏、去行动和消费、去爱和恨别人所爱和所恨的大多数现行需要……"生活开始向着标准、愿望、活动同化发展。这些现象一起组成了消费文化。消费文化的特点在于波及面广、变化无常。

建筑设计和环境艺术设计逐渐变成了作为消费的一个组成部分，建筑像商品一样摆在货架上，人们根据意愿、喜好选择形式、风格。因此，各种风格、流派的环境艺术设计开始共存。然而，风格、流派并不是随意的共存，在这种共存中蕴藏了潜在的、最具生命力的、起支配作用的时代精神，它指示了发展方向向多元化转变。

意大利建筑师和建筑理论家维特鲁威编写的《建筑十书》中提到坚固、实用、美观是建筑最基本的特征。现在的主要矛盾已经由使用经济技术确保使建筑安全开始转变，实用、美观，理性、情感开始变成了主要矛盾，这两个因素的矛盾始终贯穿其中。这是环境艺术的矛盾，是人们意识形态的矛盾，还是实用价值、美学价值的矛盾，更是科学技术、文化艺术的矛盾。

反映人们审美习惯的环境艺术才是一件好的艺术，时代、民族、地域、地位、年龄、知识结构、文化修养不同的人，有着迥异的审美习惯。

但不管这些习惯有多少不同，它们总有一种共同的特性。这是因为审美习惯不是随意而来的，而是文化思潮的一部分，或多或少反映出了时代的精神特征。

环境艺术在内的任何作品都是一种伴随着时代发展的产物、文明进步。文明的不同会产生各种流派的艺术，文明在各个时期产生了特有的特点，无法重复。康定斯基称："试图复活过去的艺术原则，至多产生一些犹如流产婴儿的艺术作品"。人类未必能像古希腊、古罗马社会一样地去感受生活，效仿这种规则的人获取了一种形式上的相似，这些作品有可能流传于世，但没有自身的灵魂。密斯说道："要赋予建筑以形式，只能是赋予今天的形式，而不应是昨天的，只有这样的建筑才有创造性。"

受新思潮冲击、人为影响，出现了一些模糊、浅薄、空泛、平庸的设计作品。这些作品体现出了拜倒在传统文化下，或是生搬硬套欧式文化，表现出了空间混乱、理念不清；他们不分场合，牵强附会，去满足个别人猎奇的好奇心，抑或遵命于"长官"的意志，这就形成了与时代精神相悖、病态、无序的多元化设计现象。

民族文化下的时代精神是在背景下展现出来的时代精神。民族文化是一种无形的东西，无论是下意识还是无意识，民族文化一直根深蒂固，因此，民族文化在历史上是风雨无法冲刷的。学者丹纳曾经表示："只要把历史上的某个时代和现代的情形比较一下，就可发现尽管有些明显的变化，民族的本质依然故我。"

人们不分地理、环境、血统差异，一直表现出了相似的感情。历史长河中，人类的文化具有共同的相似之处，我们在设计中要不断追求这种本质。

站在历史的巅峰展望，大浪淘沙，不断革新才是大方向，多元化作为精神的表象手段，时代精神才是本质和目的。

第二章 环境艺术设计研究分类与要素

从宏观的角度来说，由于环境艺术设计是以建筑为母体的，因此，环境艺术设计的构成要素以及材料要素，在环境艺术设计中占有十分重要的位置，掌握环境艺术设计的构成要素以及材料要素，处理好各个要素之间的相互关系，才能使设计出的作品具有创造性。本章将讲述环境艺术设计类别、构成要素和形式美法则以及环境艺术设计的材料要素。

第一节 环境艺术设计研究分类

人是环境艺术中的主角，在环境中创造出了很多环境艺术的种类，并不停地进行着研究和分析，未来必将还会出现更多的新形式和种类。因此，有必要从宏观上对环境艺术进行区别和分类阐述。

一、室内环境艺术设计分类

室内设计利用物质技术手段和建筑设计原理打造满足人们物质和精神需要的功能完善、舒适宜人的室内环境。室内设计不是设计师的一张图纸和遐想，而是基于具体的建筑物的性质、所处环境和一定的标准来打造理想的成果。最后的成果不仅要在实用性上突出，同时也具有历史特点、建筑风格等文化气息，使其不再是单调的物质建筑，更是精神风貌的体现。现代的室内设计就更为看重精神居住的打造，是一种综合的室内环境设计，从不同的视角进行分类，室内环境设计可分为多种类型。图2-1向读者展现了室内环境艺术各分类的框架结构及不同角度的多种分类方法。

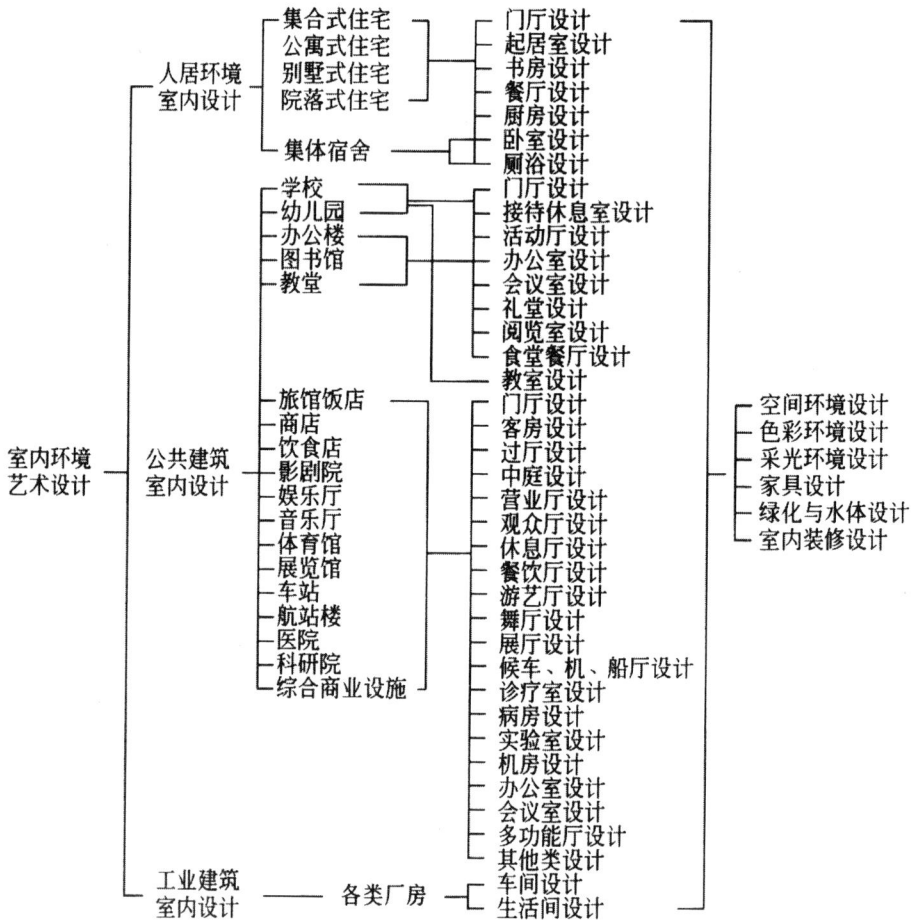

图2-1 环境艺术设计分类

二、室外环境艺术设计分类

环境艺术设计是一个大的范畴，综合性很强。室外环境设计是环境设计中十分重要的部分。它体现了人类美化自然、改善自然的理想，也反映了人们利用自然改善自身生存与生活环境的需求。在室外设计中，地貌、植物、水体、建筑、道路、公共设施以及艺术品，都是不可缺少的要素，人们需要这些元素符合人的功能需求和审美要求。因此，室外环境艺术设计的分类也因这些元素而显得丰富多样。图2-2诠释了室外环境艺术设计的类别。

室外环境艺术设计
- 园林设计
  - 堆山
  - 叠石
  - 理水
  - 花木配置
    - 树木
    - 花卉
    - 绿地
  - 园林小品
  - 其他
- 水体
  - 池水型
  - 流水型
  - 落水型
  - 喷水型
- 街区设计
  - 地面处理
  - 绿化
  - 休息区
  - 游戏区
  - 其他

- 空间环境设计
- 色彩环境设计
- 光环境设计

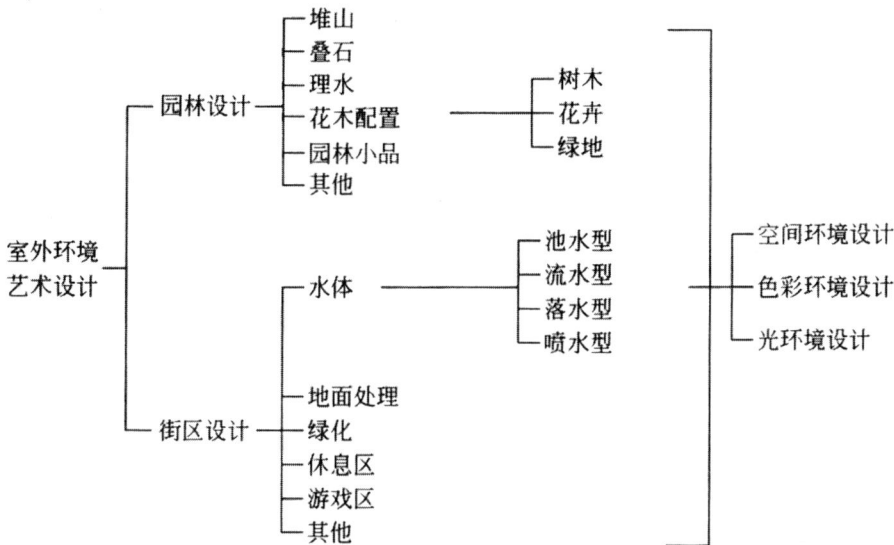

图2-2 室外环境艺术设计归类

三、室内外装饰艺术设计归类

室内外装饰艺术设计风格可分为雕塑类、壁饰类、建筑构造类、室外环境设施类、室内陈设品类，因本书论述的重点为室内外环境艺术设计，有关室内外装饰艺术设计的分类在这里就不一一赘述了。

第二节　环境艺术设计的构成要素

众所周知，"形"是具象的物质上的体现，即为"形体"和"形式"，而"态"则可以解释为"神态""仪态"和"状态"，是由于内在而引起的一种外观的直接体现，所以所有的造型艺术都要兼顾"形态"，缺一不可。

设计师通过形态来传达设计功能、设计理念、意识信息，是最直观和有效的媒介。形状、色彩、肌理等都是和功能、意识相辅相成的，是内外之间最必然的固有的联系。实用功能在一定程度上禁锢着形态，但最终形态也是意识的最有效的体现。由此，不难得出这样的关系：意识产生功能，功能决定了外在模式，外在又是意识的体现。这些要素之间是不可脱离独立存在的，形式必然是基于意识而存在的，形式的最终形成也为实现功能和传达意识而发挥功能。

无论产品最终是以何种形式出现的，最基本也是最重要的都是为使用功能服务的。从"形式追随功能"的提出者芝加哥派的中流砥柱路易斯·沙利文和提出"艺术与技术的新统一"的格罗皮乌斯到后面的菲利普·斯塔克所坚持的极简主义，我们不难看出，能经过时间考验的设计都是兼顾形式和功能并使其达到高度统一的。

如何给造型因素中的两个层次定义呢？首先是特定的外形，再者是内在结构。物体在空间中所占的轮廓，自然界中没有物体不具有形态特征。设计师要综合形态和内在结构，统一内外要素才能达到最理想的效果。

下面来具体阐述形态的要点，首先是人们可以凭借感官和知觉直接接触和感知到的广泛地存在于自然界中的各种具象形态，又称现实形态。再者是包含各种几何抽象形、有机抽象形和偶发抽象形的抽象形态，也可以称为纯粹形态和理念形态。不同于实实在在可以感知到的具体形态，抽象形态是一种经过人类大脑的提炼升华而成的形态。

虽然具象形态和抽象形态有很大的不同，但都是基于各种各样的材料和一定程度的技术手段。点、线、面、体构成具体的形态，而材料肌理、质感和难以评估确定的技术工艺所打造的最终质量呈现都影响着形态差异，并且人们会对其有最直观的视觉感受的不同。设计物从来都不是单调的单向元素，而是变化与统一、韵律与节奏、主从与呼应、过渡与均衡、对比与协调、比例与尺度、比拟与联想的各种综合之下的给视觉传达的最佳的结果。比如人们会觉得生动活泼的植物和动物非常亲切想要去接触，会认为手工加工的有着木材天然肌理的朴素自然；正方体和直线构成的最终形态会给人一种精准、精致和井然有序的感觉，光滑的外表、触感极好的肌理，人们会觉得这样的形态冷静、理性；会认为由各种元素构成的形态丰富多样生动活泼，材料和加工技术的不一会加重类似感觉。

即使受环境的影响，我们的对能见的具象物体感知从形态、大小、颜色和质地、光影是不一样的，但是凭借着大量的视觉经验是能够将其分辨出来的。另外，我们还能总结出单个物体在设计上的形态要素主要有：

（1）尺度，是由其尺寸和周围环境共同衬托的，是长、宽、高共同决定的形式上的实际量度尺度。

（2）色彩，能够在一定程度上影响到视觉重量，是最能和周围环境形成鲜明比对的属性，包含色相、明度和色彩彩度。

（3）质感，是最能直观的知感，影响到形式表面的触点和反射光线的特性，同时也是形式的表面特征。

（4）形状，是具象或抽象形态的表面和外轮廓的特定造型，是肉眼直接可以判别出来的部分。

环境艺术设计的形态除了以往提到的单个物体的主要要素以外，还包含形体、材质、色彩和光影等四个方面。下文中将一一进行阐述。

一、形体

以点、线、面、体和形状这五个在造型中具有普遍意义的原发要素出现的，并且同时由这五个要素限制着空间，构成的最终即为形体。形体是设计师直接建造的对象，自然界中的任何可视性物体都有形体，是环境艺术中建构性的形态要素。

形状主要包括自然形、非具象形和几何形。每种形状都有自身的特点和功能，自然界中各种形象的题型，具有特定含义的符号几何形，根据观察，从自然的经验中不难得出这样的结论：人为创建的形状，几乎主宰了建筑和室内空间设计的建造环境。其中圆形、三角形和正方形是最常见和特点鲜明的形状，而且十分便于设计和应用。

（1）圆：一系列的点，围绕着一个点均等并均衡排列。圆是一个集中性、内向性的形状，通常它所处的环境是以自我为中心，在环境中有统一规整其他形状的重要作用。

（2）三角形：众所周知，三角形是最稳定的结构，不易受到外界的影响。从纯视觉的观点看，当三角形站立在它的一个边上时，三角形的形状亦属稳定。然而，当它伫立于某个顶点时，三角形就变得动摇起来。当它倾斜向某一边时，它也可处于一种不稳定状态或动态之中。

（3）正方形：它有四个等边的平面图形，并且有四个直角。像三角形一样，当正方形立在它的一个边上的时候，它是稳定的；当立在它的一个角上的时候，则是动态的。

形状的主要特性有：

（1）图底关系是由形状分割形成的"实"和"虚"两部分。

（2）不同的形状给人的直观感受也是不尽相同的，圆形是饱满柔和完善的感觉，扇形有开放活泼的特征，梯形稳重而庄重，正方形舒适而典雅。形状在具体的建筑中被赋予不同的特点，和具体的建筑风格相结合，进而打造出和主题契合的成果。

（3）形状的意义除了以上提到的，还和民族的潜意识和心理喜好有很大的关联。

二、材质

材质是可以直接通过触觉感知到的，是环境艺术设计十分重要的表现形态因素。审美过程中最直接表现出来的是肌理美，人们在和环境的接触中，肌理起到给人各种心理上和精神上引导和暗示的作用。

质地，一般用来表示物体表面的粗糙和平滑程度，例如光滑的大理石表面和坑坑洼洼的桌子表面，都是通过某一具象物体的色彩、光泽、形态、纹理、冷暖、粗细、软硬和透明度来表达的，也可以用来说木材的纹理和纺织品的纹路，是物体表面的三维结构产生的一种直观的特殊属性。通常会描述成：粗糙与光滑、粗犷与细腻、深厚与单薄、坚硬与柔软、透明与不透明等基本质感。

材质的属性有：

（1）质地有两种基本类别——触感和视感。所谓触感是通过人体来直接触摸得到的感觉，视感则是来自眼睛的直接感觉和判断。一方面视觉质感可能是真实的，另一方面视觉质感可能是一种错觉。

（2）材质已经不仅是肌理上的感觉，设计师可以进一步应用材质特点去营造出合理适宜的空间感。不同材质的应用给人心理上的感觉是不一的，而且通过和其他物件的搭配可以营造出独特的主题效果，通过点缀和装修，还可以给空间赋予独一无二的意义。

（3）材质有天然材质（石材、木材、天然纤维材料等）和人工材质（玻璃、水泥、塑料等）两种分类。

（4）质感是一种相对主观生动活跃的感受，因为质感受尺度、视距距离和光照强度的影响，不同的组合条件下获知不同的质感。材料和质感息息相关，不同的材料的质感大不相同，越细致的肌理越平滑，粗略的质地从远方看也会呈现比较平整的效果。

（5）光照和质地相互影响，阳光直射在有实在的表面上，质感会更上一层次；漫射的光线有可能会模糊其三维结构减低质地感。

此外，图案和纹理与材质也是非常紧密的关系。图案的特性有：

（1）图案是一种表面上的点缀性或装饰性设计。

（2）图案总是在重复一个设计的主题图形，图案的重复性也带给被装饰表面一种质地感。

（3）图案可以是构造性的或是装饰性的。构造性的图案是材料的内在本性以及由制造加工方法、生产工艺和装配组合的结果。装饰性图案则是在构造性过程完成后再加上去的。

三、色彩

作为环境艺术设计中最生动活泼的因素，色彩是传达设计本体最直接也是最重要的形式。根据色彩对人的生理和心理，同时应用色彩的节奏感、层次感和色彩中的色相、明度、纯度的应用，达到最佳的设计效果。优秀的建筑都是能把色彩功能发挥到极致的。

（1）色彩的三种特性：色相、纯度、明度，三者相互影响。

（2）暖调光线能够使暖色更浓重，并且中和冷色调；相反，冷调光线就能加强冷光并使暖色调不那么重。

（3）减少照明装置和强度，色彩的明度就会降低，相反，亮度提高色彩的明度也会明亮一些，纯度也会随之增高。强度太高的照明就会降低视觉上的色彩饱和度，可以说色相能表现出的明度和照明强度息息相关。

（4）色相的冷暖，汇同其相对的明度与饱和度，共同决定了唤起我们注意的视觉吸引力，使某个物体成为兴趣中心并开创空间。暖色和高纯色被认为在视觉上是活跃的并富有刺激性，冷色与低纯度色则消沉而松弛。高明度是愉快的，中等明度是平和的，低明度令人忧郁。

（5）深而冷的色彩有收敛感；明亮而暖的色彩总有扩张感而使物体显得较大，尤其衬托在深色背景中更是这样。

（6）虽然我们每个人都会有喜爱的颜色，也有不喜欢的颜色，但颜色并没有好坏之分。一种颜色运用得恰当与不恰当首先取决于对其使用的方式与场合，以及是否适合于色彩方案中的配色原理。

（7）上文中提到过，色彩不仅为实用功能服务也要兼顾精神文化内涵，所有设计师在设定方案时必须要对设定的色彩、基调和色块的分布进行最佳布局和打造，使最终建筑风格个性浓烈。

（8）在普通人看来色系是没有什么大的差别的，但在设计师眼中色系是非常有秩序的整理排列着的色彩。色系对专业人员就是一本"配色词典"，是设计师的得力助手。另外不得不提到，色系只是色彩物理性质的研究结果，如果要在现实中应用还需要考虑到具体的环境，需要照顾到色彩所蕴含的文化因素。

四、光影

现代建筑对光影的要求日益提高，是营造室内环境的一种特殊组成因素。光不再只是用来照明，更作为一种界定空间、分隔空间、改变室内环境的实用技巧，同时还承载着装饰、营造空间格调和文化内涵的精神文化功能。随着科学技术中建筑文化观的不断更新，光与照明的运用具有了实用及文化的作用，是不可缺少的因素。

现代设计中为了营造特殊的光影效果的设计更美观和舒适（这是因为光和影是相互依存的关系），设计师考虑光和影的分量是一样的，灯光的筹划经常要和影造成的形态造型因素相互衬托辅助，以便达到最佳效果。这种不可分割的关系正如同建筑中实体和空间的关系。为了达到某种特殊的光影效果而考虑照明方式的设计案例不胜枚举。

现代设计关于光影方面主要包括自然光和人工光环境两种。

（1）自然光是空间的构成要素，自古以来人们就喜爱采光好的住所，中国住宅的坐北朝南和小区楼距都需要考虑到这个因素，而近年来人们对自然光的追求更甚，不只是单纯地追求阳光充足，还要求烘托环境气氛并且和整体建筑风格相得益彰。

（2）人们通过房子的朝向和楼距追求最大程度的自然光，而人工照明相比起来就更方便调整。根据个人喜好和建筑风格的不同，通过调节光和色彩的强弱，就能创造出静止或运转的多种气氛，能以人的意志为转移。人工照明多变多样，主要包括直接照明、间接照明、漫射照明、基础照明、重点照明、装饰照明等。重点照明也是某种特定功能的照明，是空间中局部照明的一种形式。不仅能够打破普通照明的单调性，它产生的各种聚焦点和有明暗变化的图形可供房间内局部特色或博物馆中某个特定展品强调突出。

（3）局部照明比人工照明更具有某种特定功能属性，通常是为了完成某种对光亮要求较高的照明工作，通常照明对象是一块特定区域。

不难看出，环境艺术设计具有十分重要的意义，是设计和审美中必须考虑的因素。作为环境艺术设计学习中创意思维的基础，我们就需要像语言大师运用词汇语法一样去了解这其中各种因素的关系，在此之上还要发掘其各种可能性和拓展性。

第三节　环境艺术设计的形式美法则

人，作为一种有理性的生命存在，本能地向往秩序。设计是有美的规律和秩序的，我们把它称为形式法则。形式是美的外在表现。每一个学习和从事设计艺术的人，都应具备对事物美感的鉴别和欣赏能力，而这个能力是通过对形式的总结、学习获得的，而后又在实践运用中不断地进行扩展、创造、丰富它。环境艺术是一门极具实用性的学科，审美经验的积累促进了设计的形式法则理论的发展与形成，如美术、建筑，而不是单独出现的。对于所有设计学科来说，探究形式美的法则是必不可少的课题。

遵循美的法则是美的空间环境得以形成和实现的基本前提。著名的美学家莱夫·贝尔在《艺术》中提到："一种艺术品的根本性质是有意味的形式。"它涉及审美情感及作品各个组成及相互关系两个方面，简而言之，即意味和形式。"形"即"原形"，包括原始形、自然形；"式"指"法式""法则"。"形"是自然的，"式"是人为的。"形式"的形成过程是将自然形态经过人为加工而成为美的崭新形式。有意味的形式能激发人的审美情感，其构成关系多是由点、线、面、色彩、肌理等基本元素融合而成。

色彩、线条是绘画与人类情感交流的桥梁，韵律、节奏使得音乐可以与人心灵相通，环境艺术要实现与人类情感的共鸣，需要的不仅是植物、水等自然要素，材质、光影等形态要素更是不可或缺。

我们探讨形式法则就是对形式美的规律做研究。形式美是指构成物外形的物质材料的自然属性（色、形、质）以及它们的组合规律（整齐、比例、均衡、反复、节奏、多样统一等）所呈现出来的审美特性。

设计理论的不断发展充实，使我们认识到形式美是以人心理感受和生理舒适为前提，不仅指表面的装饰，更是功能与审美的统筹兼顾，体现了设计与使用、情感与舒适等的统筹兼顾。彭一刚老师在《建筑空间组合论》中谈道："形式美也是设计的语言特征，在人们心理过程中就是形象思维，总的来讲，形式美必然遵守的共同准则——多样统一，这就是形式美的规律，就是在统一中求变化，在变化中求统一。这是物质世界的有机统一性决定的，整个自然界（包括人自身）有机、和谐、统一、完整的本质属性，反映在人的大脑中，就会形成美的观念，就是多样统一，它可以衍生出其他的形式法则，但都是对多样统一规律的应用。"结合环境艺术的学科和创作的特点，我们把多样统·的具体表现归纳为以下几个方面。

一、比例与尺度

尺度在环境艺术的设计中具有重要的作用，它在美学中的内涵是比例与和谐，与其他艺术相比较，在环境艺术的语言特征中更凸显尺度这一元素。长、宽、高的体量比例和谐是建筑创作的关键，空间的尺度适宜促使人心理和行为的和谐，是优秀园林设计方案的核心要素。能否控制尺度在数与量方面的成功决定了设计师的专业能力。

比例和尺度这两个看似相同的概念，仍然存在不同点。比例主要研究个体，而尺度主要研究物与物之间的比例关系；比例是以研究物体内部形态为主要研究内容，而尺度是以人们对建筑物的整体布局的印象大小与实际大小的关系为研究内容。

人们在美学研究过程中大力研究比例和尺度。古希腊的毕达哥拉斯学派运用"黄金分割"学说来研究世界的比例原理，建筑的比例问题通过几何分析法来研究，"模数"概念是把比例和人体尺度相统一。

从前人的经验中，我们看到他们非常重视对审美经验的积累与总结。在审美中有意识地培养对比例、尺度的敏感与细腻，是环境艺术设计师很重要的艺术修养必修课。

（一）比例

平常我们所讲的比例反映的是建筑物在长、宽、高上的相互约束关系，包括整体与局部之间、局部与局部之间。比较经典的是黄金分割，例如，法国巴黎圣母院（见图2-3）的正面高宽之比与每扇窗户的长宽之比是一致的，都是8∶5。

图2-3　巴黎圣母院中的黄金分割比例

（二）尺度

我们通常把不同建筑物之间的物理距离或者不同人与物体之间的直线距离称作尺度，换句话来讲，尺度是作为衡量不同建筑之间远近以及大小关系的依据。同时，当不同建筑物或者物体在体积或面积上具有同比例的关系时，他们所表现出的尺度关系会存在一定的差距。

根据这一特性，设计师们针对建筑性格和体形大小等因素，通常会设计出自然、亲切与夸张三种不同尺度，来分别处理不同的建筑立面。

1. 自然尺度

自然尺度就是我们最常见的尺度，其建筑体量或门、窗、门厅和阳台等各构（部）件均按正常使用的标准大小而确定。大量民用建筑中的住宅、中小学校、旅馆等建筑常运用自然尺度的处理形式。

2. 亲切尺度

在自然尺度的基础上，在保证正常使用的前提下，将某些建筑的体量或各构（部）件的尺寸特意缩小一些，以体现一种小巧和亲切的感觉。中国古典园林，特别是江南园林建筑常运用这一手法，以强调江南私家园林建筑固有的小巧、玲珑和秀气的特质。

3. 夸张尺度

与亲切尺度相反，夸张尺度是将建筑整体体量或局部的构部件尺寸有意识地放大，以追求一种高大、宏伟的感觉。

夸张尺度主要运用于国家、地方级政府办公大楼，作为权力象征的公安、法庭建筑，作为国民财力象征的金融银行建筑以及一些规模较大的车站、交通建筑等。

二、均衡与稳定

意识和审美观念由存在决定。地球内部的所有物体都受重力作用，均衡与稳定的审美观念的形成就是人类与重力斗争的产物，具体来说，人类的建筑活动就是与重力斗争在生活中的体现。希腊巴特农神殿、罗马的科洛西姆大斗兽场那样的多层建筑以及中世纪极其轻巧的高直式教堂建筑等，都是对重力的探索案例。因为对重力的惯性思维，一些设计师运用新技术来挑战程式化的套路，从而产生新的稳定感的表现。

均衡与稳定是辩证统一的关系。均衡是在建筑物绘图时，处理每个要素前后左右之间轻重关系的过程，而稳定则是上下要素的轻重关系的妥善处理。均衡由静态和动态两方面构成。

静态均衡又分为对称和非对称两种形式。对称形式的本质就是均衡，人类早期就将对称的制约性、完整性、统一性的特点应用于建造建筑物的实践中。对称有三种类型：平面对称、中心对称和轴对称。自然界中的大部分物体都体现着这三种类型，如植物的叶子、有的动物和人。世界上，有的物体内部在对称点基础上，还存在相同或者相似因素的绝对平衡，这是对称的一种特殊形式，被称为"对等"。对称的物体能够吸引人们的目光，满足人们的审美幸福感，增加人们对事物本身的印象，比如埃及胡夫金字塔、中国古代皇家建筑群及其内部雕刻、图案等装饰都采用对称、均衡的布局，给人以庄重、严肃、宏伟的艺术效果。图2-4为故宫中对称、均衡的布局。

图2-4　故宫中对称、均衡布局

人类对美的探索并不止步于均衡的对称，还通过不对称来达到均衡的目的。不对称的均衡的本质也是要素之间相互均衡的制约关系，虽然这种制约关系不容易被发现，也没有均衡对称的严格，但是更具灵活性。

我们生活中的行走、跑步、骑自行车，演员的翩翩起舞，这都是动态均衡，与上文的静态均衡相对。动态均衡的基本前提是物体处于运动状态，当运动被终止，则这种平衡关系就会被破坏。现代建筑师更青睐于动态均衡，而静态均衡是古代建筑师们解决问题的重要手段。

在古代的日常生活中，人类对重力就有了敬畏之情，在对重力的不断研究和探索过程中形成了均衡和稳定的审美观念。人们发现自然界中很多事物受重力影响而呈现一定的规律，比如，有的事物是上细下粗的关系：树的树干很粗、树根很发达而树枝却很细，并且离树根越远的地方越细，或如人的形象，左右对称等。实践证明，凡是符合这一原则的造型，不仅在构造上是坚固的，而且从视觉的角度来看也是比较舒适的。

均衡体现的是视觉上事物所展现的平衡，有两种形式，其中对称是简单静止的，不对称则相对复杂。对称具有显著的秩序性，给人以平整、安静、庄严的感觉，也是实现统一的普遍方法，但不能过分强调，否则会让人觉得死板、刻意、教条。

对称的构成形式有以下三种情况：

（1）一个图形如果沿着某条直线对折，对折后折痕两边的图形完全重合，这样的图形就是轴对称图形，那条线就是对称轴。这种轴对称形式主要在形体的立面领域应用。

（2）沿着某条折线对折之后重合且旋转180°后与原图重合这种方式被称为中心对称。

（3）平面构图和设计普遍应用旋转对称的形式，即，物体经过适当旋转后的对称。这种形式是众多国内外建筑实现平衡与稳定的审美追求及严谨工整的环境氛围必不可少的。与对称平衡相比，不对称的平衡构图灵活、自然，构图重心比较稳定。起初这种方式所形成的设计方法在我国古典园林的建筑、山体和植物的布置中体现得淋漓尽致，而今，随着环境艺术空间功能日趋综合化和复杂化，不对称的均衡法则在环境艺术中的运用也更加普遍起来。

三、节奏和韵律

韵律原本是出现在音乐和诗歌中的词语，用来表示音调的高低和节奏，当我们发现自然界事物和现象出现规律性的改变时，可以感受到韵律美。

根据不同韵律美拥有不同的形式特征，将韵律美划分为以下几个类型。

（1）连续韵律：可以是一种要素，也可以是多种要素，以稳定不变的关系将各要素联系在一起，出现连续、重复的变化。

（2）渐变韵律：连续的要素在某一方面按照一定的秩序变化，如图2-5是福建的土楼建筑环境，在建筑垂直方向的构图中，圆形从上到下有条理地缩小，在实用的前提下，较多兼用了渐变韵律的特点，产生了形式美感。

图2-5　福建土楼

（3）起伏韵律：以渐变韵律为基础，韵律以特定的规律上下如波浪般起伏。

（4）交错韵律：两种以上的组合要素互相交织穿插，明暗交替，便形成交错韵律。

节奏的特性通过这四种韵律展现出来，即有明显的条理性、重复性和连续性。韵律美在环境艺术设计中运用得极为广泛、普遍，甚至有人把建筑中的韵律美比喻为"凝固的音乐"。

建筑艺术拥有比较综合的艺术形态，和舞蹈、音乐和诗歌等不同的艺术有许多相似的地方。著名建筑学家梁思成曾写作《建筑与建筑的艺术》，文中曾以位于北京广安门外的天宁寺塔作为分析对象，详细介绍了该建筑在垂直方向上所展现出来的节奏与韵律。他在文中写道："……按照这个层次和它们高低不同的比例，我们大致可以看到（而不是听到）这样一段节奏"。

建筑已经存在很长时间，人类在建筑活动中产生了对美的认识并且经过时间的累积和升华后，成为节奏与韵律，同时，也是体现建筑形式美的主要表达形式。在人类进行建筑时，伴随出现的还有多重意义的节奏与韵律美，其还具有自身特有的审美价值和内涵。当建筑中的各要素出现一直规律性的循环，并且每个要素与另一要素之间的关系和距离一直不变，就是节奏。以节奏为前提，建筑各要素出现秩序性的改变，或高或低，曲折但和谐，极具动感魅力，这便是韵律。单纯的韵律就是节奏，相当感情化，具有浓厚的情趣风味。缺少动态的韵律而只有节奏的反复，会使作品单一无趣；而缺少反复的节奏只有动态的韵律，作品则又毫无规律。节奏和韵律的完美结合才能使得建筑艺术出现协调与变化。

总之，虽然各种韵律所表现出的形式是多种多样的，但是它们之间却都有一个如何处理好重复与变化的关系问题。

建筑的节奏与韵律之美需要我们不断发现、鉴赏与领悟，并利用这些自然规律去指导我们的建筑创作，使建筑与城市真正成为生态的、有机的整体，成为大自然的组成部分。

四、对比和相似

各要素之间存在明显的差别就是对比，各要素间存在不明显的差别就是相似。这两者都是形式美必需的。对比能够将主题变得更加明确，更容易表达意图，其方法就是把质或量差别很大的两个要素和谐的同时出现，可让人在感觉统一的同时又感受到强烈的差异性。

对比是通过各要素之间烘托陪衬而产生变化；相似是通过各要素之间的共同点来协调一致。需要注意的是，对比和相似主要限于同一性质的差异之间，如大小、曲直、虚实、质地、色调、形状等，是在环境设计中为在变化中求得统一的常用方法。

对比是指互为衬托的造型要素组合时由于视觉强弱的结果所产生的差异因素，对比会给人视觉上较强的冲击力，过分强调对比则可能失去相互间的协调，造成彼此孤立的后果。相似则是由造型要素组合时之间具有的同类因素。相似会给人以视觉上的统一，但如果没有对比会使人感到单调。

在环境艺术设计中，不同的量如长短、厚薄等，不同的方向如高低等，不同的形如钝锐等，不同的材料如软硬等和不同的色彩如明暗等这些是被主要运用的，当然还有其他方面，是通过各要素在质感、色彩、形体等方面的不同来生成个性化表达的基本，进行较强的对比。当出现较多的相同要素时，相似关系较为主要；当出现较多的不同要素时，对比关系较为主要。微差的概念存在于相似关系中，在该关系中微小差异会在形体、色彩、质感等多个方面产生，这就是微差。微差数量达到一定程度后，相似关系就会变成对比关系。

在环境设计领域，无论是整体还是局部、单体还是群体、内部空间还是外部空间，要想达到形式的完美统一，都不能脱离对比与相似手法的运用。

五、统一与变化

有些整体是由好几种要素构成，那么任何一个要素都会利用其出现的比例和地位来对整体的统一性产生作用。所以，建立形式美感的基础条件，是准确调整好各要素的关系。在进行环境艺术设计的过程中，由平面到立体、由内部到外部、由细节到群体，都体现了三种关系，一是局部和整体，二是主与从，三是重点与一般，并且这三种关系都需认真思考并协调处理。主与从关系是三种关系里的关键，理解好了就能融会贯通地理解其他几组的关系。

在主从与中心这对形式法则中我们要认识视觉重心这一概念。由于人具备视觉焦点透视的生理特点，在平面构图中，任何形体的重心位置都和视觉的安定有紧密的关系，因此，为了达到突出环境的特征，把握好主从关系是很重要的手段。

处理好主从关系的方法有很多，其中，侧重于某一部分使之变得突出，其他部分的存在感变弱，从而形成主与从，完整统一。与之相反，假如没有形成那样的突出点，就会因为整体松散无法实现有机统一。

形式美主要依靠统一与变化的关系展现。部分和整体、各个部分之间的关系都没有矛盾就是统一，环境艺术设计中统一的体现就是所运用的造型的形状、色彩、肌理等具有协调的构成关系。变化则表明其间的差异，环境艺术设计中指使用了不同造型元素，如同一种线型有直曲、色彩、长短、疏密、粗细等方面的不同。统一与变化是辩证的关系，它们相互对立，而又互相依存。太过统一则会得到一个单调无趣，没有情感的整体空间，太多的变化则会让人觉得整体乱七八糟、难以掌握。统一应当表现在整体上，变化体现局部上，在统一的基础上发生规律性的变化。

第四节　环境艺术设计的材料要素

"让建筑赞美生命"，这句醉人心的房地产界广告语，笔者看来，是对建筑最生动，最具人文的称赞，而建筑的美丽质感，与构成它的各种材料息息相关。大千世界，大自然毫不吝啬的贡献出"美好的宝藏"：富饶的地球矿产、优美的自然环境，甚至钢铁、混凝土及各种金属各种合成材料……我们努力工作，努力开发，同时我们也学会了努力珍惜。一个个建筑，一个个美妙的空间，每一个组成材料都蕴含着材质之美、生命之美，更饱含了设计者别出心裁的思想和创新。

一、材料应用之美，在于精妙的组合

当我们在谈论建筑之美时，我们究竟在谈论什么？当我们看到一种建筑，能让我们发出"哇！简直美极了！"的感叹，离不开它美的外观和颜色搭配；然后我们便循着"整体—局部—局部—整体"这一审美逻辑，去感受它的和谐统一；而后，经过对建筑内部的探究，全身心体会物质材料的空间构成，从形式和色彩两个方面，寻得来自材质和功能的内在之美。

在这里要着重讨论的是材质即材料在应用中产生的美感，也就是说"少即是美"的原则，在创造美的形式和实用的空间方面，体现了更为和谐统一的呼应关系。

物质材料体现着建筑上所有美的要求和规律，它是一切美的载体和媒介（那整体与局部，局部与局部，局部与整体的所有关系都落实在材质的表现上）。

建筑真正的美感，无关材料多少与否，无关档次高低之分，与之紧密相关的是材质在应用和表现时有节制、懂珍惜会减法。比如历史上文艺复兴时期的宅邸，材料并非有多高档，但在观感上，依然赏心悦目，这就是

"有节制，会减法"；相反，如今那些看似富丽堂皇的豪华五星级酒店大厅，充满了各式各样的雕饰，甚至比巴洛克式的宫殿更为"丰富"，但是从美的角度来看，缺乏完整性、呼应性。这也就不难解释，那些把豪华的高档材料一股脑地加以装饰，而又觉得不够高档的人，着实不在少数。

所以，真正的材料之美，不在于繁杂的无原则修饰，而在于精妙的结合。拿帕提农神庙作为典型的例子——而质朴的材质在希腊明媚的阳光下闪烁着纯净完美的光辉，成排的廊柱在阳光照射下投下富于律动性的光影，使这个内外相通连的建筑有无限的延展性和亲切感，空间与材质的美表露无遗。

再比如著名的中世纪建筑巴黎圣母院，人一旦身临其境，崇敬之情无以言表，其营造出的崇高氛围，令人叹为观止：成排的弥撒椅、夹杂黑白两色的铺地，像上帝伸开的双臂，庇护着他的信徒；还有那彩绘玫瑰窗搭配着橡木护壁板，使得整个空间充满了无限遐想。而这些"奇特感官"，其实大都由一种石材构建而成。

再来看20世纪的建筑，以赖特的流水别墅为例，称其别墅，或许有人会以为需要高档的材质才能打造出来。其实不然，一点皮革、织物二三、再配上些许家具，房主人的生活便如世外桃源一般，自然古朴。当然，别墅在构建过程中，也离不开混凝土、毛石、玻璃甚至一些木材。就是这样的精妙组合，纵然几十年过后，流水别墅仍然被人啧啧称赞，可谓建筑史上的经典之作。

再看看90年代的现代建筑"法国艾沃希教堂"，出自瑞士建筑师马里奥·博塔（Mario Botta）之手，世人称之为20世纪欧洲的经典建筑之一。教堂呈圆柱形，全身由红砖构成，直径38.4米、高度34米，内外空间简约呼应，一种神秘庄严的感觉油然而生。从整体到局部，墙体由横竖相间的顺丁挂和立体交叉的耳丁挂有序衔接，使得内墙的纹理立体别致；地面由石材构成，踩上去安全平稳；简洁得体的坐席，由欧洲橡木构成，与红砖墙面和谐统一；然后到采光棚，一身钢结构打造出同太空相连的感官效果；最后到半圆玻璃造型窗，代替传统的玫瑰窗，传递出水银一样的质感，把人的视线一下子拉回到视觉中心。这些，其实都源自少而精的材料。简洁统一的造型，让你身处好像只有红砖、玻璃这两种材料营造的空间，依然觉得浑然天成。

众所周知，市场上，毛石、红砖都是廉价的建筑材料，看上去并没有什么"特异功能"，然而，经过精妙的组合，却巧夺天工，不得不说，上帝把材料馈赠给我们，我们又从中创造了更大的惊喜。

一个引人入胜的美景，需要巧妙地设计。而设计蕴含的神奇之中，

"材料的质感和肌理"必不可少。这因为肌理特点有序又无序，常常随着材料的再加工，构成各种图案和纹理，而随着材料的肌理和色彩与人们日常的经验糅合，形成一种材质感受，就演变成我们常说的"质感"。在室内外的装饰设计中，各种材料的使用即是各种材料的组合。如何合理地利用与组合材料，设计师们都有着一套"独门绝技"，其中包括：

（一）协调：材料经典组合之一

协调，顾名思义就是糅合一些质感和肌理比较接近的材料，构造一种环境氛围；当面积过大时，赋予丰富的形式以避免单一性；当面积过小时，可由陈设品调整。常用于公共的休息厅、报告厅、住宅的卧室等处。

（二）对比：材料经典组合之二

对比即是两种材料的质感和肌理相较甚远，这样在创建空间环境时，不论空间大小与否，都能给人一种明朗、欢悦、明晰、干练的感观，前提是合理规划面积的大小，此为现代设计的常用手法。

（三）对比、协调共用：材料经典组合之三

这种材料组合堪称精妙，需要设计者及观察者长期的经验和体会方能实施，因为这关乎材料用法上的关系处理。协调相对于对比，通常被冠以"弱的对比"，也就是说相似中存在对比，对比中又没有那么的冲突，多是存在"弱中有中、中中有强、强中有弱、中中有中、弱中有弱"的关系。

二、材料的分类及性质解读

（一）木材

木材能够建造房屋，木材也有温度。前者合乎常理，后者让人一头雾水。相信人们对木材都很熟悉，远在文字还没出现的时候，木材就是人们建造房屋必不可缺的材料之一。其实木材在生长期间，本身的组织结构跟人类有着相似的细胞结构，这也就是为什么当用手抚摸木材的时候，会有一种暖暖的触感。尽管木材坚硬而有温暖的触感，并且材质轻，但仍然跟自然界中其他材料一样，不免被侵蚀；另一方面，它存在着创造和燃烧的两面性：可以用于建造房屋，也可以作为燃料。据建筑师路易斯·费尔南德斯·加利亚诺（Luis Ferndndez-Galiano）所说，"原始棚屋和原始的火是分不开的"，这种耦合解释了"建筑从神话、仪式或意识中诞生的这个奇异而不可重复的时刻"。

石头和木材与最初的居所形式有关。石头代表着被发现的地方（山洞），木材意味着被建造的地方。建筑师保罗·波尔托盖西（Paoto Portoghesi）说："在中国古代，表示'树'和'房'的字符非常像，以至于很容易弄混。树就是原始人的家，被砍下来的树干就是庄严的柱子的原型"。实际上，石柱及其叶形装饰就是抽象的树的形象，前新石器时代结构就是由此而来的——设计的树林或者原始森林的建筑学变体。

木材源于转化到生物体内的物质和能量。这是一种木质纤维材料，运输营养和水分的植物组织维管束为其提供了结构支撑。木质由刚性的、沿液体流动方向伸长的细胞组成。细胞壁含有40%~50%的纤维素、20%~30%的半纤维素、20%~30%的木质素和10%的萃取物。纤维素提供了拉力强度，是地球上最丰富的自然材料；半纤维素提供了压力强度，作为一种填充物；木质素相对坚硬，提升了细胞的硬度。木材是一种高强度比的异向性材料，异向性意味着在不同方向有着不同的特性。它还具有吸湿性，可以从环境中吸收或吸附水分子。木材的导热系数低，一棵树就是一个碳存储库，它在整个生命周期中将二氧化碳转化为氧气，将碳存储起来。

30000多个树种在特征上展现了非常可观的多样性，其中常用于工业的有500多种。木材品种被分为软木和硬木。软木来源于常绿乔木，结构相对简单；硬木来源于落叶阔叶树，它的形成较为复杂。在建筑中，软木一般用于结构框架和面板，而硬木一般用于木制品和饰面。

木材同其他材料相比，有着很大的优势：首先，质轻而坚硬，通身充满弹性和韧性；其次，不怕冲击和震动，容易被加工甚至对表面进行装饰；再者，有良好的绝缘性，对电、热、声音绝缘效果好；最后，纹理优美、质地柔和。人们最早使用木材作为建筑材料，也就顺理成章了。然而它也存在一个缺点，那就是吸湿性，因为在干燥的过程中，前后材质变化过大，如果想有效使用，只有同当地的地方含水量接近时，才能避免开裂变形的可能。

1. 木材材质分类及其基本性质

（1）天然材。分为阔叶材和针叶材。

1）阔叶材：树干通直部分较短，材质硬且重，强度较大，纹里美观，是室内装修及家具的良好用材。

2）针叶材：树干通直高大，纹理平直，材质均匀，略轻软，易于加工，是建筑常用材，也用于室内装修和家具。

（2）人造板。人造板包括胶合板、纤维板、刨花板、中密度纤维板、细木工板、空芯板以及各种贴面饰面材。

1）胶合板：是将厚木材经蒸煮软化后，沿年轮方向旋切成大张单板，经剪切、组坯、涂胶、预压、热压、裁边等工序而制成的板材。单板的层数一般为奇数，3~13层，组坯时将相邻木片纤维垂直组合，常见有3厘板、5厘板、9厘板和多层板。

2）纤维板：是将枝丫、废料、刨花（纤维不破坏状况下）、小径材等，经切碎、蒸煮、研磨成木浆后加入石蜡、防腐剂，再经过过滤、施胶、铺装、预压、热压等工序制成的材质板。因为当时的加工温度、压力差异，划分出"硬质、中硬质（中密质）和软质"三种。目前应用最多的为中硬质，即中密度板。其平展度极好，握钉力较好，为家具常用板。

3）刨花板：是将木材加工剩余物切削成片状，经干燥、施胶、加硬化剂，再经铺装、预压、热压、裁边等工序制成的板材。根据铺装方式不同分为定向刨花板与普通刨花板。普通刨花板上下为均匀的细刨花，中间为粗大的刨花，材质均一，握钉力较好，多为家具用板；定向刨花则通体为大片刨花，握钉力较差，多为建筑用板。

4）细木工板：是由上、下两层单板（旋切单板）中间夹有木条拼接而成的芯板，经热压制成，芯板间留有细小空隙，固性能较稳定，握钉力好，硬度、强度、耐久度均佳，但表面平展度稍次于刨花板及中密度。多用于装修用材。

5）空芯板：是由上、下两层单板，经热压贴在四周有木框、中间为填充材料的一种板材。其特点是强度大、重量轻，受力均匀，抗压力强、导热性低、抗震性好，不易变形，隔音性好，是装修及活动房屋常用材。

6）饰面材：一是薄木皮，为节省珍贵树种的用量，将此类木材经蒸煮软化后，旋切（山形花纹）或刨切（直纹）成单板，再经拼接，胶合或用薄纸托衬形成的贴面材。其特点是木纹逼真、质感强，花纹美丽。二是浸渍纸，经照相制版，绘制成各种木材纹理的仿真纸皮，经浸渍三聚氰胺树脂，形成浸渍纸，使用时用热压机加热即可贴在人造板上，形成花纹美丽的贴面板。三是防火板，是将多层纸基材浸渍于树脂中，经烘干，再在275℃高温下，施加1200PS压力压制而成的胶板，其表面的保护膜具有防火、防热性能，防尘、耐磨、耐酸碱性良好，且花纹种类繁多，是良好的家具饰面材及建筑装饰材。

（3）集成材。随着人类对木材的大量采伐，全世界森林面积不断减小，面对众多国家的缺材和贫材状况，集成材应运而生。它是为了利用开发速生丰产林种而开发出的用齿形榫（或称指榫）加胶将小径材拼宽接长，形成板方材的做法，最初在建筑上作为木构建筑的梁架使用，由于其胶拼性能良好，形状控制简单，结构强度、弹性、韧性、耐冲击力、抗震性以及因施胶形成的耐腐蚀性等都非常的好，遂成为20世纪最受好评的建材之一。随着其拼接胶种的改良（建筑采用的酚醛树脂胶，会留下棕色胶线），采用脲醛树脂胶使得表面洁净无缝，因而成为家具界及装修界的宠儿。

（4）藤竹材。藤竹均为热带、亚热带常见植物，生长快、韧性好，可加工性强，被广泛用于民间家具、建筑上。现代常用在民间风格的装修和园林绿化中的小景中。另外，用竹皮加工的竹材刨花板、竹皮板等也被广泛用于建筑施工中。藤材、竹编的家具在近年来受到广泛的喜爱，甚至成为回归自然的象征。

竹材的可利用部分是竹竿，圆筒状的竹竿，中空有节，其节间距靠近根部处密而短，中部较长。竹有很强的力学强度，抗拉、抗压能力较木材更优，且有韧性和极好的压强性。抗弯强度好，但缺乏刚性。竹材纵向的弹性模量抗拉为13200kg/cm^2，抗压为11900kg/cm^2；平均张力为1.75kg/cm^2，毛竹的抗剪切强度横纹为315kg/cm^2，顺纹为121kg/cm^2。竹材的加工，因受到材质的限制首先要进行防霉防蛀处理，一般为硼砂溶液浸泡，或明矾溶液中蒸煮等办法。其后还要进行防裂处理，即在未用之前，生浸在水中数月，再取出风干，这就是常见的水中放竹的情景。此外用明矾或石炭溶液蒸煮，也可防裂。还需进行表面处理，一般为油光、刮青或喷漆，油光是将竹竿放在火上烤，至竹液溢油后用竹绒或布片反复擦磨，至竹竿油亮；刮青，用篾刀将竹表面绿色蜡衣刮去，使竹青显露，经刮青后的竹竿，在空气中氧化逐渐加深至黄褐色；还可用硝基漆、大漆等刷涂竹材表面。

经上述处理后的竹材即可用来加工竹制品，竹制品的加工，工艺简单、易行，成为我国南方主要的家具及建筑材料之一。常见的工艺做法有：锯口弯接、插头榫固定、尖角头固定、槽固定、钻孔穿线固定、劈缝穿带、压头、剜口作榫、四方围子、斜口插榫、尖头插榫等做法。

藤材，为椰子科蔓生植物，生长在热带地区，种类有二百余种，其中产于东南亚的藤材质量最佳。藤材的种类丰富，常用的有产于南亚及我国云南的土厘藤、红藤、白藤，产于我国广东的白竹藤和香藤等。藤材在精加工前要经过防霉防蛀和防裂及漂白处理，原料藤材经加工后可成为藤皮、藤条和藤芯三种半成品原料，为深加工做准备。

2. 发展及应用创新

工业革命导致高度工程化的建筑构件的大规模生产，包括为特定功能而改造的木材。这种发展不仅促进了小型建筑（比如单个家庭住宅）的快速建造，还催生了一种更关注成本而不是创新的产业。因此著名的现代木建筑作品都十分明确地要发掘该种材料的独特优点——比如温暖、轻盈和雕塑般的流动感。这些优点是传统木建筑形式所没有体现出来的。

阿尔瓦·阿尔托调整了赖特的有机建筑理念，尝试寻求一种更加人性化的审美，他意识到木材加工日益机械化需要如此。这种审美强调木材固有的温暖和触感，以及它在弯曲胶合板家具中实现的可塑性的优点——目标是"给生命一个温和的建筑"。阿尔托著名的纽约世博会芬兰馆不仅体现了温暖和触感，还彰显了它的宏伟壮观。当游客进入这个简单直线形的建筑后，立马就会看到近16m高的蛇形墙，这座竖直木条组成的墙上间隔悬挂着芬兰工业生产的照片。巨大的波浪状表面向外倾斜，引人注目，似乎在强调芬兰原生林的庄严和不稳定。

费·琼斯设计的索恩克朗教堂展示了木材的宏伟和精美。该教堂于1980年建在阿肯色州尤里卡温泉旁边的一个森林里面，这座7.32m×18.29m×14.63m高的建筑显得比它自身的规模大得多。从卵石地基上跃升起来一个由标准木材部件组成的复杂薄掐丝网状结构，而这些部件都是靠步行运送到偏远的工地。内部空间由一系列被严密隔开的格子结构界定，这种结构让人想起哥特式建筑和557.42m²玻璃四面周围的树林。教堂看起来很脆弱，木材部件的中间交叉点又增强了这种感觉，将人们认为应该要加固的地方空了出来。

3. 突破性技术

在建筑实践和学术研究中，木材是最常见的建筑材料，因为它在小型建筑、家具制造和模具制造中占据着支配地位。传统木工艺的优点和缺点因此被广泛了解。

然而近来木材和基于木材技术的进步悄悄揭示出一个广泛的、根本性的转变，这个转变是由对再生资源不断增加的兴趣和材料性能的提升引发的。由于木材存在易腐烂的特点，因此人们在建筑工程中，常常借助多样的防腐办法来防止它的腐烂，比如著名木材防腐家约翰·贝瑟尔便创造性的发明了煤焦杂酚油，这是一种木材防腐剂，利用的是压力处理木材的原理，开创了压力注入工艺的先河。不过，由于这种防腐剂本身的"致癌原罪"，跟普通的防腐剂性质类似，遇到地下水难以迅速降解，所以法律给予了种种限制。

人类的创造力总是惊人。经研究发现，有一种木材躲开了上述弊端，并且在木材的耐久性和环保性方面做到了完美统一。它是一种实木，名叫乙酰化木材，利用化学原理将木材的细胞结构增加了抗水性，规避掉毒性物质侵入木材的可能，起到防止霉变、虫蚀、UV降解等作用。其中Kebonization利用有效的防腐技艺，既降低了环境危害，又起到了实用的效果。木材的柔韧性，可以通过有效途径体现，比如在糖工业中，一些产生于生物废弃物的液体，通过液体聚合物输入木材结构中，在木材的坚硬度和紧密度方面，不仅使木材的细胞壁强度增强，还有效降低木材50%的膨胀度和收缩率。

此外，在增加木材的柔韧性方面，另一个发明家克里斯汀·卢瑟

（Christian Luther）利用发明的热板压机，创造出了胶合板，这种板呈曲线形状，极大增强了木材的柔韧性。随着时间的推移，100年以后，一个名叫阿希姆·穆勒的发明家，创造了一种制模工艺，此工艺用于薄木片制作，让那些需要精巧制造的精密复合曲线几何图形变得不再虚幻，创造了前无古人的效果。

无独有偶，意大利Candidus Prugger公司制造的名叫Bendywood的木材，柔韧度表现惊人，这种可弯曲木材，是由蒸汽加工、纵向压缩而成，不管寒冷抑或干燥，都能达到10倍曲率半径的效果，简直技艺精湛。除此之外，这种制造工艺在环保和视觉方面，远比传统的压缩工艺以及压合技术有着更为出色的表现，尤其应用在复杂的几何形状制造时，不仅达到完美的视觉观感，还能在声学性能方面有良好的提升。

聪明的制造商善于从生产设计中寻找新的灵感，他们通过数字化技术处理，将薄木片压缩成轻型芯材料组成新型复合板材，广泛运用在计算机加工工业，比如在建筑工地，经激光切割和电脑数控打磨，在节约时间的同时，又能降低运输能耗，再比如基于纤维素的纤维材料商，所需木材也是经过数字化处理，将图片或者其他图像内容，有效运用在实践中。

木材的短缺已经使需求转向可再生资源。随着木材产品的竞争更加激烈以及对林业管理的检查更加严格，制造商越来越积极地从木材供给找门路，尤其对于非传统的纤维材料，进行大力度开发。比如有的开发商从农作物中寻找建筑需要的材料，像将小麦、高粱等无法食用的部分进行"废物加工"，制造出可以运用的材料，比如装饰板，它的中间由具有隔热效果的压缩农作物纤维构成，应用中替代薄木片和结构隔热板。另外一种建筑材料则从入侵植物物种而来，这种物种能够替代当地植物，并快速生长，制造商可以从受影响的地区除掉这些寄生植物，以此用来制造建筑产品和家具。还有一种纤维产品源自木材和塑料的混合体，尽管这种纤维材料跟木材具有相似的性质，然而却因为可以注塑，等同于塑料材质。如果说有的材料能够防止凹陷和渗透，并且保持一种耐久、多维稳定的特性，这种木材多数是被注入了丙烯酸类树脂造成的。

4. 创新性在材料应用中起的作用

更结实、更轻、更耐久的木制品的发明与所有建筑材料的科技轨迹类似。尽管建筑规则常常会限制木材在防火建筑中的使用，建筑师已经想象到木材在预期的"碳水化合物经济"到来时的大胆应用。

举一个例子，"曼海姆多功能厅"由奥托和布罗·哈波尔德公司进行大胆尝试而制造：大厅的木板格行用木架构构造，再在地面做出木材网，最后用技术吊起，做成曲面外壳，再由手冢建筑事务所在原来的木材网

（其实这个木网是个亭子，来自日本箱根露天博物馆）中加入一个空间机构，最后聚齐600根木梁，就这样抛开金属材质，打造出占地超过520m²的半封闭、不规则的圆屋顶。

建筑师们也希望用其他可再生材料替代木材，比如坂茂中很多用纸管做成的作品展示了这种看似"柔弱"材料的惊人的结构能力。坂茂为2000年德国汉诺威世博会设计的日本馆，因为纸管网格薄壳结构而具有可回收利用的建筑特性，世界为之振奋。

日本著名的建筑大师隈研吾，其团队操刀设计的位于京郊外的竹屋，包含了不规则排列的竹子制成的透光层——这个应用给人一种错觉：这种材料是纤弱且没有重量的。

（二）金属材料

1. 分类与属性

金属在人类文明的进程中，有着最直接的反应，不论是青铜器时代还是铁器时代，金属一直是现代化的象征——从早期的青铜工具一直到现在源于纳米技术的非晶态金属，都一直在推动着社会的进步。作为工业革命的最主要的原材料，金属既是工业化有力的推动者，又促进了技术的日益成熟与完善。

当然，如果过于冒进地进行工业化，会给人类的健康和环境带来负面影响，这一点可以从维多利亚时代的英国得到印证。但是，工业化带来更多的是经济的发展、技术的进步以及文化的提升。建筑评论家雷纳·班纳姆指出，尽管烟囱林立的维多利亚工业时代的机器大多是笨重拙劣的，而且是由远离城市文明中心的工人操作的，但是在20世纪初期的第一机械时代情况却并非如此，当时的机器是轻巧、精细、清洁的，而且住在新型郊区的工程师们在家就可以操纵这些机器。

从古到今，金属都能很好地展现出力量和美感，而这两点恰恰是人类文明追求的落脚点。无论是古代的青铜兵器，还是现代的钢铁轮船，都是人类追求力量的缩影，同时也反映了人类的征服欲和控制欲。同样出于对力量和美感的追求，金属也应用在建筑中，比如金属在建筑结构和外表的应用。从有着宽大边缘的钢铁圆柱到装饰用的金银饰品，金属作为一种建筑材料很好地展示了它的多样性，正如班纳姆所言，融笨重和精巧于一身。

凡具有良好的导电、导热和可锻造性能的元素称为金属，如：铁、钴、镍、铜、锌、铬、锰、铝、钾、钠、锡等。那些具有两种或两种以上的金属或者金属与非金属组合而成，具有金属性质的，称之为合金，如：钢为铁碳合金，黄铜为铜锌合金。

一个建筑环境，除了那些基础的木质材料，钢铁之类的金属材料不可或缺，并且作用不容小觑。当需要装饰和点缀时，需要各种合成金属，比如那些不同颜色质地的不锈钢制品和铝合金制品，正在堂而皇之地走上建筑的舞台，大大增强了装饰效果。

（1）常见铁金属材料。

1）普通钢材：建筑材料中强度、硬度和韧性最优的一种。

2）铸造用生铁：翻制坯模、铸铁栏杆。

3）熟铁：花栏杆及家具。

（2）不锈钢。常见有含13%铬的13号不锈钢，含18%铬、镍的18号不锈钢等。按其表面处理形式的不同又可分为：镜面不锈钢、雾面不锈钢、拉丝面不锈钢、腐蚀面不锈钢，有凸凹板、穿孔板和异形板等板材。不锈钢板在现代环境装修中用量非常大。

（3）铝材。银白色有色轻金属，熔点660℃，有良好的导电性，化学性质活泼，在空气中易氧化，但形成氧化膜后性能稳定，便于铸造加工，可染色、着色，可以加工成各种彩色铝板，用于建筑外、内的墙面、天花等饰面上。在铝金属内加入镁、铜、锰、锌、硅等组成铝合金后，其化学性质非常优秀，机械性能明显提高，可以制成平板、波纹板、压型板，还可以制成各种断面的型材，表面光泽适中，耐腐蚀，经阳极化处理后更加耐久。铝合金还是良好的飞机外壳和壳体建筑原料。

（4）铜材。作为建筑装修装饰的材料有着悠久的历史，其表面光洁，亮度适中，有良好的传热、导电性能，经磨光后可形成亮度极高的铜镜（如我国古代的菱花镜），常用于装饰饰件、浮雕、嵌条、扶栏、五金配件等。铜长时间露置于空气中会被氧化生成铜锈，可用覆膜法保护，也可任其生锈成为铜绿色效果，以此表现时间的流逝。常用铜材有：纯铜，性软，表面光润，会生绿锈；黄铜，铜与锌合金，耐腐蚀性好，表面呈金黄色也有绿锈；青铜，铜锡合金，也有绿锈；白铜，含9%～11%的镍，表面白亮如银，锈少；红铜，铜金合金，又称紫铜。

（5）常见金属材料的加工。成型加工：铸造，分为砖形铸造和压铸，常用来铸制可变模件、拉丝和挤出件；锻造，为可塑性加工，滚压为切削和研磨加工。

表面处理：阳极化处理，即电镀法，表面加以镀层；腐蚀法，利用酸性溶剂对金属的腐蚀作用，达到表面蚀刻；表面压花，表面加压或表面涂层加压；表面喷漆，溶剂喷烤或表面粉末喷涂形成特殊弹性保护膜，兼具装饰作用。

常见金属的连接：电焊、铆接、槽接和弯曲成型法连接，现在还有高压或热压弯曲成型以及胶粘连接法。

（6）常见金属五金件。钉、螺钉、螺栓、铰链、暗铰链、门插、把手、饰件、合页、金属挂杆、锁、挂环、支撑件、滑道、支架等。

2. 发展及应用创新

现代金属在建筑上的应用与工业产值和技术进步有着密不可分的关系。建筑师们借助于机器之力，把裸露的金属结构和表层应用到公共建筑和住宅建筑之上，取代了之前的砖石、木材或者土质材料。这一行动恰恰印证了机器带来的活力和新功能会促使建筑步入新的高度——更为精致而且实用。

密斯·凡·德罗的建筑力作——范斯沃斯住宅，坐落在伊利诺伊州普莱诺市南部的福克斯河右岸，它试图去打破人与机器之间的不稳定关系。这座住宅是为医师范斯沃斯设计的，它的模型于1947年在现代艺术博物馆展出，它是现代主义建筑的一个杰作，而且是20世纪最具代表性的建筑作品之一。这座住宅的结构是一个精致的钢架支撑起混凝土板屋顶以及连接地板和天花板的玻璃幕墙，整座住宅处于两个水平平面中间，由此营造了一个开放连续的居住空间，并产生一种住宅悬浮的效果。密斯有意将结构连接处设计为浑然天成的感觉，并且将架构的钢材喷成白色，从而使住宅整体上显得优雅纯粹。尽管居住者会因为隐私得不到保护而不乐意居住于此住宅内，然而这并不能阻碍范斯沃斯住宅成为密斯将大规模的工业化与个体追求自由化相结合的最富有思想的一次尝试。

3. 环境压力

采矿业会对生态环境造成影响，并且消耗大量自然资源，会引起土壤侵蚀、生物多样性锐减以及土壤和地下水污染。在对可用矿床的找寻过程中，会很大程度上改变地表结构，大量土壤被移除和破坏，使现有的生态系统受到干扰。

从矿石中提取金属化合物的过程是种会涉及氰化物使用的有毒过程。金属生产也是出了名的高能耗。还有十分重要的一点是，现代金属的生产几乎完全依赖于不可再生的原材料。由于20世纪对于金属的大规模的利用，导致现在常见金属矿物的储存量迅速减少。美国地质调查局的数据显示，铅和锡的储存量只能够维持不到20年具有经济效益的开采，铜能维持22年，铁能维持50年，铝能维持65年。

许多金属对于人和其他一些生物的健康而言也是有害的。尤其是一些有毒金属，例如铅、汞、镉，对于这些金属必须进行严格的管理控制。1988年，美国环保局认定的16种对人类健康最为有害的物质中，金属及其化合物就占77个。然而一些其他的金属，例如不锈钢、钛合金、钴合金则对人体健康十分安全，甚至可以植入人体内。

金属最大的好处之一是它的可回收性。与其他很多材料不同，大多数金属可以较为容易地被回收利用，而且金属不会随时间而降解。此外，回收利用金属（也称作二次生产）的物化能要远远低于初级生产，对铝而言是10%，对于不锈钢而言是26%。金属回收利用的巨大的环境和经济效益会激励闭环生产和消费的扩展，在闭环生产和消费中，所有的废料被当作技术养分来重复利用制造新的材料。

4. 突破性技术

金属给环境带来的压力促进了技术的突破性发展。金属技术上的进展主要集中在对于其性能的加强。其中一个目的是通过改变合金的配方或者采用更为复杂的结构形状来达到更高的强度重量比。另一个目的是通过研制更为稳固的表面来克服金属固有的不稳定性，以适应更为恶劣的环境。通过20世纪中期对于此项技术的深入研究，金属可以用在一些对于材料要求最为苛刻的建筑上。

因为金属具有很高的韧性，所以受到军事和航空航天行业的青睐。在微观结构上使用几层不同的合金时，金属被证实能够承担更高的负荷。复合金属板又被称作周期性多孔材料，它是利用轻质金属形成蜂巢状、柱状结构，或者是两个片层夹着的晶格结构。这种结构可以应用到对安全性要求较高以及易发自然灾害的环境中，以提供良好的爆炸和弹道防护。复合型面板有着多种多样的结构，例如表层用金属覆盖而芯是聚苯乙烯，或者表层是透明的聚合物而芯是蜂窝状的金属结构。泡沫状金属的细孔中充有大量的空气，随着这种金属发展，它也能制造一些具有高刚度、低重量、高吸收能量水平的材料。其中泡沫铝和泡沫锌可以以最少的原材料来达到一定水平的抗冲击性、电磁屏蔽、共振降低、吸声降噪，而且还可以100%回收利用。

鉴于金属的高光泽和延展性，金属经常被用于一些对颜色、光洁度和纹理效果要求比较高的应用之上。金属微粒和聚合树脂使用先进技术堆焊制成的复合材料可以被用来做垂直抛光处理。它的复合表面包括将金属颗粒铸入纤维增强聚合物（FRP）中，以及将工业化后废金属铸入透明橡胶中。

金属被应用于各种先进的数字化制造流程中，例如由弯曲的复杂形状的金属板基于算法而形成的金属系统。复杂的形状可以提高其机械性能和视觉效果，而且比挤压和轧制成型技术更经济节约。

关于金属最有意思的一个进步是形状记忆的发展。1962年力学家威廉·比埃勒和弗雷德里克·王在等量的镍和钛组成的合金上发现了金属的这个特性。为纪念它的出产地，这种合金被命名为美国海军军械研究室镍钛合金，简称镍钛合金，它不仅呈现了形状记忆效应的特性而且具有超强的弹性。镍钛合金能将自身的塑性变形在某一特定温度下自动恢复为原始形状，这个特性使它被广泛地应用在生物医学设备、联轴器、制动器和传感器上。研究人员曾尝试将形状记忆合金应用在建筑上面去制造活动遮阳系统，因为记忆合金会根据外部环境改变自身的形状，以此达到更大限度的遮阳效果。

5.创新性应用

金属依然可以影响建筑未来的走向。在20世纪的钢铁时代金属经历了它的极盛时期，今天不断创新的新型数字制造技术依然继续改进金属的生产。如今结构工程师们利用先进的软件去计算复杂的结构组成，使得一些在10年前因为结构的不确定性而无法建成的建筑现在得以建造。基于这些先进的模拟技术，建筑师和工程师可以通过密切的合作来描绘一个建筑物外形的表现形式，以此来增强设计的真实性。这种综合方法可以使建筑结构负荷在视觉上呈现出来，揭示出对于结构组件的尺寸和数量的需求，使材料的利用更为高效。在建造过程中，金属部件可以在电脑的计算下被精确地制造，从而在确保高质量水平的同时尽可能地减少浪费。

（三）砖材

砖是以黏土、水泥、砂、骨料及其他材料依一定比例混合后，由模具脱坯后，入窑烧制而成的，最常见的有红砖和青砖。因制作方法不同分为机制黏土砖、手工黏土砖两种。还有灰砂砖（硅酸盐砖），炉渣、矿渣砖，空心砖等。空心砖，有多孔承重砖、黏土空心砖、水泥炉渣空心砖及单孔、双孔、多孔等及各式花砖。空心砖用于减轻砖体重量和增强装饰效果，减轻重量后可使建筑物自重减轻，便于结构、体积减小，扩大房间内部面积。砖材垒堆起的墙体，根据砖三维尺寸的不同及排列组合方式的变幻，可形成各种富于肌理变化的图案，适当地运用会收到意想不到的效果。

（四）瓦材

瓦材配料与烧制过程与砖材类似，有黏土瓦、水泥瓦、琉璃瓦等。

黏土瓦：以黏土为原料，加水拌匀，经脱坯烧制而成，分平瓦与脊瓦两种，颜色有红瓦与青瓦之分。

水泥瓦：以水泥和石棉为原料，经加水拌匀压制成型、养护干燥后而成。同样分为平瓦、脊瓦。另还有波形瓦，波形瓦又叫波形石棉瓦，具有防火、防腐、耐热、耐寒、绝缘等性能。

琉璃瓦：黏土经制坯、干燥、上釉后（烧制而成）的一种高级屋面材。其色彩艳丽，质坚耐久，品种繁多，是我国传统建筑常用的高级屋面材。

（五）矿物

1. 认识

土质矿物是被早期原始人用于建造居所和制作工具的基本材料之一。很多古代神话和宗教将水和石分别与人类的肉和骨骼联系起来——人们认为不同稠度的矿物象征性地与身体及其柔软和坚韧的双重特征相联系。考古记录表明在史前石器时代，石器的使用非常活跃，大约9996项的人类活动均涉及石器的使用。从石器时代过渡到青铜器时代基本标志着有记录的人类历史的开始。

泥土、石器和陶器是城市化起源的基础，它们给第一批城市奠定了物质形态和规律。由于它们的耐压强度，这些材料适合厚壁低身的结构，这种结构的形成需要将多层泥土叠放并压实，制成基本的承重墙。1000多年以来，这种条纹状的建筑一直展示着其厚重感、存在感和耐用性。

现在这种承重墙的使用在工业化国家几乎已经销声匿迹，被框架结构和应用表皮所取代。尽管如此，出现在当代建筑中的泥土材料仍然有着承重墙结构的丰富遗产的痕迹。在当代，砖石往往是被悬挂起来或者是依附在框架的外面作为自支撑的表面——与最初的使用方式大相径庭。然而许多矿产资源易于开采，并且石头和陶制品用作建筑表层十分耐用，这导致泥土材料在建筑建造上的重要性得以保持。

2. 发展及应用创新

土质材料对建筑技术的起源非常关键。石器和陶器的发展以及早期居所的建造，发生在石器时代，这是人类第一个纪元。巨石纪念碑，比如石圈、史前墓石牌坊和石冢，是由巨大的、形状规则的石头制成，它们永久地提醒人们这是那个时代的坟墓和宗教场所——史前巨石柱（公元前3100～公元前1600年）是最令人熟知的例子。

第一个阶梯金字塔——左赛尔金字塔于公元前27世纪建于埃及，为法老左赛尔而建。伊姆霍提普被认为是第一个建筑师，他设计金字塔并监督金字塔的建设，用粗切的图拉石灰石块建起了围墙、柱廊入口和金字塔。用石灰石比用泥砖更为耐久，泥砖是早期的尼罗河谷社会常用的材料，对于居所建设来说便于获得，也被用于早期的埃及坟墓。

左赛尔金字塔是最早使用建筑圆柱的著名建筑之一。左赛尔金字塔的石柱廊包括被雕刻成植物状的石柱——最早将建筑中的木材改成石材的案例之一。希腊人延续了这种方式，发展了基于比例的系统和技术，将用于建筑的石材粗糙的砌块变成精致的专用组件，就如同树木和植物结构那样。

希腊还发展了陶瓷材料——有着良好的抗压强度和防潮能力——从埃及和美索不达米亚（公元前4000年以前）的陶片和火烧砖发展为组合式的建

筑元素，比如屋顶瓦片，被设计的像鱼鳞一样覆盖在房顶，以调节水流。公元前800年，"制陶术"一词出现，制陶术（ceramics）这个词起源于希腊语keramos，意为烧过的土。随着砖的广泛应用，罗马人进一步改进了陶瓷技术，砖常常用于混凝土墙。

在中世纪，随着高耸的哥特式教堂的建设，石材技术发展到顶峰。石匠们掌握了越来越娴熟的拱顶结构技术，这种技术使石材建筑达到前所未有的高度。尽管后来的工业化使人们能更好地控制石材和陶瓷的制造和分配，但19世纪框架结构的出现使这些材料不再用于承重了。

尽管承重方式发生了改变，石材和陶瓷依然被广泛使用。19世纪钢铁、混凝土和木立柱框架体系占据优势以后，土质材料被用于外饰——和其他材料共同制造耐久和美观的建筑表皮。

3. 环境压力

矿物开采会影响环境。大多数石头开采在露天采石场进行，需要移除覆盖物（即覆盖在具有经济和科研开采价值的区域上面的物质，通常是岩石、土壤和生态系统，它们覆盖在人们需要开采的矿体上面），开采形成了巨大的露天矿坑。陶瓷黏土和壤土的开采也包括露天矿坑式开采；一些石灰岩、大理石和页岩则在地下开采。采矿会产生大量垃圾，堵塞并污染当地水道，还会释放并渗入到地下水中，产生令人担忧的侵蚀，造成生物多样性的破坏。控制径流的控水措施必须安排到位，任何新的采矿方式都必须有周全的计划，以保证以后可以修复地面景观。

另外，由于土质材料重，它们的运输需要消耗大量能源。

4. 突破性技术

尽管石头和陶瓷是已知最古老的建筑材料的一种，但它们仍然一直是研究的焦点。尤其是陶瓷材料成为近几十年重要科技进步的主题——比如具备高强度或者光学透明度的能力。这些新陶瓷材料中的一部分与它们新石器时代的前身有很大的不同。就机械性能而言，陶瓷、石头和其他基于矿物的材料，都具有很高的耐压强度。耐久性也是其使用中一个关键因素。在追求多方面的性能以及对相关工艺改进的时候，这一类的新兴技术则充分利用了它们的优点。

由于陶瓷出色的耐热、耐磨和耐压特性，陶瓷材料在汽车和航空工业中占据很重要的地位。而由于非常出色的损伤容限、硬度和耐磨性，碳强化纤维陶瓷混合材料尤其受到青睐。基于这些有利特性，制造商开始开发用作建筑覆层的碳纤维强化复合材料。

陶瓷在建筑结构方面最新的进展是赤土陶。最早在19世纪初赤土陶就以上釉的形式被应用，上釉的赤土陶已经成为广泛应用于建筑雨搭的制作，因为其几何形状非常标准，质量轻，可以在金属框架中提前安装。这些特点也使赤土陶取代了传统的砖石结构。

因为基于矿物的材料涉及高能耗的生产过程，制造商一直在努力开发低能耗的生产方式来取代——比如不需要加热和加压，通过化学作用生产的多功能墙板。这种墙板由氧化镁、膨胀珍珠岩和回收再利用纤维素组成，在常温的时候被倒入一个模子中，这种墙板会发热（释放能量的过程或反应，通常以热量的形式呈现），因此其制造过程不需要额外的热量。考虑到墙板和地板在建筑中普遍存在，加工过程中加入发热的材料可以使建筑的环境性能显著改善。其他通过化学合成不需加热的材料包括所谓的生物砖，由沙子、尿素和细菌构成。这些非传统的砖通过方解石沉淀作用生成，而不是高温制造，这种砖拥有和典型烧制砖同样的强度。

尽管喷釉工艺以及其他的对于陶瓷表面处理的方式早就使得陶瓷具有反光的特性，但是新材料采用了令人意想不到的异于传统的方式来处理光线。透明的刚玉和氧化铝陶瓷可以达到60%～80%的可见光穿透，并且显示出比玻璃更高的强度和耐热性。透明陶瓷可能未来会用于抗爆抗热的窗户和透明防弹衣的制造。其他材料被设计用于储存而不是传播光线——比如光致聚合物，它可以在断电的时候照明紧急出口，或者在阴暗的条件下改善照明模式，显示出材料更具应变性的能力。

新型计算及自动化生产方式提供了多种形式转换和影响转换的能力。数字图像烧制陶瓷瓦片把陶瓷釉料看作印刷油墨，加入了摄影成像的功能。另一个过程是利用数字成像在陶瓷瓦片上做浮雕，以标准工业釉料作画，创造了一种照片式表面。石头表面也可使用先进的三维雕刻技术来刻画，这使得人们对于最为棘手的材料的基本形式的控制成为可能。

5. 创新性应用

以往的建筑大多基于矿物材料，因为这种材料已经使用了1000年，并且一直存在。它们依然经常用于现代建筑，传递着传统、持久和厚重的感觉，即使很少对它们的表面进行处理，也不用于承重。然而，正是土质材料的这种不可分离的与过去的联系使它们非常适合突破性应用。期望与物质、工艺、结构以及过程之间的联系越紧密牢固，巧妙控制这种材料产生的影响也就越大。

一种常见的创新型方法挑战土质材料的支配地位。LLizoStudio Gang建筑事务所的大理石窗帘，是一片巨大的薄石片，镶嵌在悬架中。在华盛顿国家博物馆的拱形顶棚的5.49m高的大理石窗帘，由620片1cm厚的半透明石片组成。

石材瓦片被水刀切割成一连串的拼图式形状，并且被放置到纤维树脂膜上以强化结构。因为对石头进行拉力测验的结果有限（只有680kg），所以这种类似透光窗帘对石头的不落俗套的应用令人称奇。

传统的石材具有不透光性，这使得对于透光性的研究成为突破性应用的一个方向。像弗朗茨·弗埃戈的瑞士梅根圣皮乌斯教堂和戴蒙与史密特建筑师事务所在以色列耶路撒冷的外交部这样的项目，展现了由纤薄的半透明石片制成的建筑立面，这些建筑立面包围着大型的公共空间。在这两个项目中，这种应用方法利用了材料基于时段的双重表现，因为当内表面或外表面其中一面发光的时候，另一面是不透明的。

传统的施工手段也得到了改进，用于建造砖石建筑立面的常规方法，比如手工铺设、利用重力界定表面。鉴于其悠久的手工制造历史，砖、瓦片和铺石的尺寸与人类手的大小密切相关。因而，砖瓦往往被认为可以赋予建筑温暖和人性，即使是预制好的。

（六）石材

石材最早被称为建筑房屋需要的原材料，源头可追溯至原始社会，那些供原始人类居住的洞穴，周边的墙壁便是由石材构成。随着石材在实际中应用，人们将石材分为天然石材和人造石材两种，前者是人类利用技术，从天然岩体中进行开采，最终形成块状和板状材料；而后者则是把将天然岩石的矿渣作为骨料制作而成。

石材一般按应用的部位不同分为三大类。即：承受机械荷载的全石材建筑，如大型的纪念碑式建筑、塔、柱、雕塑等；部分承受机械荷载的基础，台阶、柱子、地面等的材料；最后一类是不承受机械荷载的内、外墙饰面材，饰面材的装饰性能是通过色泽、纹理及质地表现出来的。由于石材形成的原因不同，其质地及加工性能也有所不同，因此应适当地针对石材质地予以注意和保护。

常见的饰面石材有如下几种。

1. 天然大理石

天然大理石是指变质或沉积的碳酸盐类石材，其组织细密、坚实，可磨光，颜色品种繁多，花纹美丽变幻，多用于建筑内部饰面。由于耐水、耐风化与耐磨性都略差，一般不用于室外，部分用于地面和洗手台面，多用于立面装饰。常见品种有：大花白，大花绿，细花的各种米黄石、啡网石、黑白根、珊瑚红等。

2. 天然花岗石

天然花岗石的主要矿物成分为长石、石黄、云母等，属岩浆岩，其构造特点为材质致密、硬度大、耐磨、耐压、耐火、耐大气中的化学腐蚀；其花纹为均匀的粒状斑纹及发光云母微粒，是内外皆宜的高档装修材料之一。常用材有：印度红、将军红、石岛红、芝麻白、芝麻灰、蒙古黑、黑金砂、啡钻、金钻麻、巴西蓝等多种多样的材质。

3. 人造石材

人造石材有人造大理石、花岗石、水磨石及再造石等多种。

人造花岗石及大理石是以天然石粉及石块为骨料，加树脂为胶粘剂，经搅拌后注入钢模，再通过真空振荡，树脂固化后一次成型，经锯切、磨光，制成标准规格。其花色可模仿自然石质亦可自行设计，发挥余地极大，而且抗污力、耐久性、材质均一性均优于天然石材。

水磨石亦是一种人造石材，以水泥或其他胶粘剂和石渣为原料，经搅拌、配色、成型、养护、研磨而成的材料。分为现制水磨石和预制水磨石。按设计要求不同又可分为普通型水磨石和异型水磨石，其中大的平面板材为普通型，曲线形、多边形以及柱板、柱础、台面等属于异型。按结构处理的不同又分为普通磨光、粗磨面、水刷石、花格板、大拼花板、全面层板、大坯切割板、聚合物板和聚合物表层人造花纹板等。

4. 石材的表面加工

石材由荒料到制成板材过程比较简单，但要使其具有良好的装饰性能，需对其表面进行再次加工处理，一般有：粗磨、细磨、抛光、烧毛和凿毛等工序。研磨工序一般分为粗磨、细磨、半细、精磨、抛光五个程序。抛光是研磨的最后工序，也是石材表面达到最大反射光线，并使石材色泽最充分表现的关键。

烧毛是将锯切后的花岗岩（不适合大理石）板材，用火焰喷射器进行表面烧毛，使其表面呈现出天然状态。

琢石又叫凿毛，适用于30mm以上的板材，其方法是用排锯锯切石材表面，或用斧子人工凿垛石材表面。

（七）混凝土

1. 认识

人们想用浇筑时柔软的黏稠液体复制石材的美观和持久，混凝土就是这种想法的产物。它被认为是第一种人造混合材料，并由于应用极为广泛，在建筑建造史上起着关键作用。混凝土展示出"简单"的特性——尽管其成分复杂且很难达到完美的程度，但它是一种足够简单的材料，可以大规模生产，并且被广泛使用。现在混凝土的应用十分广泛，一年消耗量达50亿立方，已成为世界上消耗量仅次于水的第二大物质。

科技史学家安托万·皮肯说过："没有任何材料比混凝土与当代建筑的起源和发展联系更密切了"。由于在建筑施工中便于使用且普遍存在，所以混凝土已经成为现代建筑环境的代表和别名。一方面，混凝土代表着科技成就的顶峰，世界上最高的建筑——SOM建筑设计事务所在阿联酋迪拜设计的哈利法塔项目中说明了这一点；另一方面，混凝土也象征着现代建筑及其发展的单调和冷漠，典型代表是高度城市化地区到处都是单调乏味的建筑。

因为混凝土可以通过不同的方式使用，并且呈现许多不同形式——不同于砖和钢那种更为具体和可预见的特征，建筑师困惑于如何界定混凝土真正的本质。因其模糊的特性，弗兰克·劳埃德·赖特将混凝土称为"混杂"材料。尽管其名字暗示固态及不可更改性，但是混凝土赋予了现代建筑前所未有的可塑性，安藤忠雄曾说，混凝土可以接近波特兰石（水泥的现代变体，被命名为波特兰水泥）的美。

2. 发展及应用创新

20世纪初，混凝土的时代开始。它最初用于建设工业仓库和厂房，随后钢筋混凝土迅速被用于其他类型的建筑项目。1903年，奥古斯特·佩雷将这种材料用于巴黎一座公寓大楼的立面。他的追随者勒·柯布西耶在1914年发明的多米诺系统中展现了钢筋混凝土技术带来的新自由——一个典型的结构框架，去除了建筑物立面的承重要求——建立这一技术方法的概念意义。

虽然混凝土成为一个新的横梁式的建筑形态反复叠加的基础，这种建筑的特征是笔直的梁、柱、板，与典型的砖木结构一样，勒·柯布西耶的朗香教堂背离了这一理性系统。这座极具雕塑感的小教堂位于法国朗香，钢筋混凝土结构，并以砖石填充，外覆4cm厚的砂浆涂层，喷射混凝土。沉重的屋顶是粗糙的清水混凝土或者混凝土原材料，与白粉墙壁的表面对比形成斯塔克效果。为了更加吸引人，建筑师故意加厚了建筑围护。最初看起来承担巨大重量的墙壁实际上并没有支撑建筑——墙壁顶端和屋顶之间10cm高的水平槽揭露了这一点，水平槽里可以看到相对较薄的混凝土柱的侧面。

朗香教堂将混凝土作为塑性材料的处理可以模糊结构和表皮的区别，这启发了很多后来的设计。同时，还可将混凝土用作一种能够表达结构填充模式的优化组合的物质。

3. 环境压力

从物质资源的立场来看，混凝土是一种适应性很强的材料。其主要组成成分——碎石、沙子和水——几乎随处可得，并且水泥也相对比较容易获得。混凝土提出的一个环境挑战是水泥熔渣的生产需要大量能量。

严格来说，混凝土是可以循环利用的，尽管现实中更多的是下降循环，用于修路或者其他低级的建筑。从拆毁建筑中得到的混凝土可以被压碎用作制造新配料的大块集料。然而，比起只是用新材料，这种使用方式需要更多的水泥，增加了碳足迹，抵消了利用循环集料的益处。

4.突破性技术

钢筋混凝土在技术层面具有两面性。一方面，作为现代建筑的实用材料，混凝土无处不在，这使其成为最普通、最可预料的、最简单的材料。另一方面，混凝土已经成为热门的研究主题，这是因为混凝土不仅需求量大，而且混凝土技术发展到今天已变得多样化和复杂化，并且常常会出现意想不到的结构。这里描述的突破性技术承认混凝土的普遍存在，推进它的实用性，还挖掘其艺术潜力。

由于混凝土生产过程中会产生大量的碳排放，人们协同努力开发新技术以更有效地利用资源。碳纤维强化混凝土以强化纤维代替了传统的钢材，与钢筋混凝土相比，降低了66%的重量，减少了运输成本和碳排超高性能混凝土（UHPC），同时将强度重量比最大化，通过加入硅粉、超增塑剂、石英粉和矿物纤维来制造具有高强度和延展性并且超级抗击、抗腐蚀、抗磨损的材料。尤其是它的高压缩性能和弯曲强度，使人们可以用更薄的结构部件实现长跨度建筑的建造。一些高性能混凝土包括不同方向的纤维玻璃层，以消除对钢铁的需求，实现重量更轻，弹性更高，并且具有超级阻燃性。高性能混凝土的一个惊人的变化是它可以在压力下弯曲。混凝土中的强化纤维独立于集料和水泥，所谓的工程水泥复合材料在存在水和二氧化碳的情况下用碳酸钙填充细微裂纹来实现自我愈合，有希望实现比传统混凝土更长的使用寿命。

由于混凝土被普遍使用，科学家热衷于改善它的性能，尤其是在降低环境污染方面。其中一个目标是环境整治，这涉及改善材料的制作工艺来实现自身环境的优化（例如通过光催化作用来减少空气污染）。光催化作用混凝土可以在太阳光的辅助下降低当地空气污染的程度。

从21世纪初开始，世界各地的研究人员都致力于半透明混凝土的研制，尽管每种方法都是独特的，但它们都将聚合物加入预制混凝土砌块或者平板中，使光线穿过不透明的混凝土。其中一种方法是利用数千条内含的平行光纤束，另一种方法是利用固体透明塑料棒，还有一种办法是利用半透明织物。每种技术使光线和阴影穿过几十厘米厚的墙，否定了混凝土一定不透明的想法。透光材料以固定间隔穿插在混凝土中，结合LED照明，使混凝土视频屏幕的建成成为可能。

数字化生产的新方法已经影响了混凝土的制造和表面处理。一种叫作轮廓工艺的工序使混凝土在建筑建造时能够进行三维打印。数字化控制程序利用有机械电枢的高架移动起重机，将多层材料放到基座上，建造大型建筑。数字工具也提高了控制水平和在混凝土结构中能够完成的几何控制的可能的种类，比如混凝土表面的高分辨率摄影照片或者复杂的浮雕图案。

5. 创新性应用

混凝土继续展现出其在结构和表面应用方面的重要潜力。混凝土曾经局限于低矮结构或者建筑，但是现在混凝土已经展现了它在建造前所未有的高度建筑方面的潜力。于2010年建成的哈利法塔是世界上最高的建筑，高328m，远超第二高的建筑——台北的101大楼（李祖原联合建筑师事务所，2004年）——高出了300m。这个里程碑标志着世界最高建筑第一次用混凝土建造而成，因为摩天大楼的历史很大程度上是对钢结构发展的研究。高性能混凝土的进步和浇筑方法的创新不断开拓材料发展的新领域。

另一个出人意料的发展是混凝土拉方特性的研究。阿尔瓦罗·西扎维埃拉设计的葡萄牙世博馆展示了弯曲的薄混凝土壳屋顶，每个混凝土壳末端由钢缆支撑。他建造了一个吊在两个支撑柱之间具有很长跨度的混凝土屋顶，这是关于韧性混凝土可以在压力下弯曲的大胆尝试。

除了性能的提高，建筑师也在追求复杂混凝土外壳建造中结构和表层的整合。史蒂芬·霍尔设计的麻省理工学院学生宿舍西蒙斯大厅的灵感来自于海绵内部的几何形状，所谓的多孔混凝土模型目的在于提供最大的设计灵活性以及增强学生间互动的可能。特拉汉建筑事务所在路易斯安那州巴鲁日处的圣玫瑰教堂大楼，以其明亮反光的混凝土展现了优越的精细化水平。詹保罗·因布里吉设计的上海世博会意大利馆——人之城，采用了一种透明混凝土，也就是在传统混凝土中加入玻璃纤维成分，光线在经过这种透明混凝土时，往往因为各种成分的比例变化，产生不同透明度的渐变，在自然光的照射下，既节约了能源又营造了奇幻的效果。

（八）水泥

1. 认识

水泥是一种良好的矿物材料，粉末状水泥经混合后，由可塑性浆体变成坚硬的石状块体，其硬化条件无论在空气中还是在水中都能良好形成，而且在水中硬化强度还能有所增加，属水硬性胶凝材。水泥通常可分为：彩色水泥、加气水泥和超致密水泥。

彩色水泥是将白水泥熟料、石膏与颜料共同研磨而成。其加入的颜料要求对光和大气具有耐久性、分散度细、耐碱又不会对水泥起破坏作用，且不含可溶性盐类。加气水泥是在混凝土中分布少量气泡，使混凝土的抗冻、抗腐蚀性均有所提高，并提高混凝土的和易性。超致密水泥是在普通水泥中加入适当的板性聚合物（3%），使之被吸附在水泥粉粒上，产生反絮凝作用，使水泥黏度增加，水化物致密。其特性是强度与刚度有效结合，加之聚合物的特性，使抗张强度增加20倍，韧性增强100倍，柔性和绝缘性亦佳。以此种水泥制成的薄板可以贴在其他材料上（木材、普通水泥、塑料、石膏板等），作为保护可以制成各种超致密的水泥板，用于防水性能要求较高的环境当中。

2.抹面水泥的砂浆的种类及用法：

普通抹面砂浆：通常分为两层或三层施工，底层抹平层的作用是使砂浆牢固地与底面黏结，并有很好的保水性，以防水分被底面材吸掉而影响黏着力。

装饰砂浆：涂抹在建筑内、外墙的，能具有美观装饰效果的抹面水泥砂浆。

（九）墙面粉刷材料

（1）石膏粉，遇水凝结成块，常用来嵌缝填孔。

（2）腻子粉（大白粉、双飞粉），加水加107胶加纤维素成为腻子，做面层的最后找平，一般为2~3遍刷涂墙面之上。

（3）乳胶漆，为聚氯乙烯脂乳胶作黏着剂与大白粉、颜料、滑石粉、研磨混合制成的浆状涂料，用于内外墙的粉刷装饰。因为它易溶于水，成膜快，成膜厚度好，无刺激性气味、无公害，是环保型涂料，被广泛用于当代建筑的内外涂饰上。

（十）玻璃

1.认识

玻璃是一种游离在物质实体和感知状态之间的材料。玻璃的物理特性坚固，但玻璃也被叫作"过冷液体"。实际上，它介于固体和液体之间——是一种冷却到非晶态固体的、被称为无定形固体的无机材料。在建筑中，玻璃因为其透明性而被广泛使用，并常常被看作是无形的；然而，根据玻璃的特性和与光源的相对位置，玻璃也可以高度反光或不透明，从而呈现出"凝固"的物体特征。而且，玻璃在建筑中的使用是一个巨大的矛盾，因为采用一种透光且抗热性差的材料，可能危及建筑最主要的功能——遮蔽和保护。这些关于玻璃的多种看法，使得人们对于玻璃的重要性和科学使用方法展开了激烈辩论。

由于在现代建筑中，玻璃是最主要的透光材料，玻璃成了透明的同义词，并且与技术进步、可达性、民主、选举权以及暴露和失去隐私相关联。许多建筑师将玻璃视为一种可以直接沟通内部和外部的无形物质，另外一些建筑师欣赏玻璃不仅仅是因为它有透光作用，更重要的是它具有折射和阻隔光的空间组织能力。建筑理论学家柯林·罗和罗伯特·斯拉茨基指出，由于概念本身固有的矛盾性，透明度作为一个物质条件，满载了含义和理解上的多种可能性，透明度常常不再是完全清楚的，而是模棱两可的。

玻璃是以石英砂、纯碱、石灰石等主要原料与辅料，经1550～1600℃高温熔融成液态，然后经成型并急剧冷却而形成的固体。

玻璃也是建筑应用中的有用材料，因为实际所需，不再单纯的作为原材料而存在，而是倾向于在光线、热量、能源、噪音、建筑承重、环境等方面，发挥良好的作用。

平板玻璃（浮法玻璃）表面平展、光洁，无玻筋、玻纹，光学性质优良。

磨砂玻璃（毛玻璃），机械喷砂或手工研磨或氢氟酸腐蚀。形成表面均匀的毛面，使光线产生漫射，只适光不透视，可使室内光线柔和。

夹丝玻璃（防碎玻璃）将普通平板玻璃加热到热软化状态，再将预热处理后的铁丝网压进玻璃中而形成。颜色可以透明或彩色，表面可以压花或落光，使其强度增加，破而不缺，裂而不散，并能在火灾蔓延时，热炸裂后固定不散，防止火热蔓延，常用于天窗、天棚顶盖、楼梯间、电梯等处。

花纹玻璃，将玻璃表面按设计图案加以雕刻、印刻等无彩处理，形成花纹。有压花、喷花和刻花三种。压花，在玻璃硬化前，经有刻纹的滚筒，在玻璃单面或双面压出深浅不同的花纹。喷花，将玻璃表面贴加花纹防护层后，喷砂处理而成。刻花，经涂漆、雕刻、围腊与腐蚀、研磨而成。

透明彩色玻璃是在原料中加入金属氧化物而成。不透明彩色玻璃则是在一定形状的平板玻璃上喷的色釉，经烘烤而成。

钢化玻璃平板，玻璃经"淬火"处理而成，强度比未处理前高3倍至5倍，在抵抗冲击、掰弯、遇冷和遇热方面，性能较强大，甚至在破碎时产生的圆钝碎片，也不会因为"溅到人身"而伤人。品种上可分为平钢化、弯钢化、全钢化和区域钢化。

夹层玻璃是由两片或多片玻璃，夹杂至少一层的有机聚合物膜，在特殊高温高压工艺处理后，从而形成的一种复合玻璃产品。

中空玻璃也叫作隔热玻璃，是一种良好的隔热、隔音、美观适用，并可降低建筑物自重的新型建筑材料，由两层以上平板玻璃组成，四周密封，中间为干燥的空气层或真空。

热反射玻璃又叫控制镀膜玻璃，是一种对太阳光具有反射作用的镀膜玻璃，因为具有十分好的遮光隔热效果，被广泛应用在一些超高层大厦等各种建筑场，即能够增加整个建筑的美感，还能为室内节约空调资源，但却会导致室外环境温度升高。制造方法是在玻璃表面涂敷金属氧化物薄膜，其薄膜可以是喷涂，也可以浸涂。

玻璃空心砖，用两块玻璃经高温压铸成四周封闭的空心砖块，以熔接或胶结成整体，以空心砖来砌墙，具有热控、光控、隔离、减少灰尘及凝露等优点。有单腔和双腔两种，双腔即空心砖在两个凹形砖之间有一道玻璃纤维网，从而形成两个空心腔，具有更高的隔热效果。

电热玻璃顾名思义属于那种通电即可发热的玻璃材料，它是经两块烧铸玻璃型料压制得来，两块玻璃间由极细的电热丝相连，当然人眼无法捕捉，这样一旦有水滴落上，也不怕凝结水汽甚至产生冰花等现象

2. 发展及应用创新

纵观中世纪起开始的在建筑中使用玻璃的行为，能够发现，从高超的哥特式风格彩窗到19世纪的温室建筑，经过短短几个世纪，玻璃实现了从轻薄的易损物质向精致坚硬窗饰的转变。

整合玻璃和铁的技术在1851年建造水晶宫的过程中得到了很好实行，这座建筑被认为是推动现代运动的重要标志。它由约瑟夫·帕克斯顿设计，长564米，高3米。建筑使用了大量预制构件和镶嵌玻璃，在9个月里使用了83600米的吹制玻璃。水晶宫的影响力巨大，成为铁和玻璃建筑的典范，铁柱、铁艺护栏和玻璃模块的搭配，成为当时大型车站、仓库和市场的标准结构。

如果不提及菲利普·约翰逊的玻璃住宅，那么对于现代玻璃建筑的历史回顾将是不完整的，玻璃住宅是他在1949年为自己设计的位于康涅狄格州纽卡纳安的住宅。设计灵感来自19世纪20年代德国建筑师的"玻璃建筑"理念，该理念得益于著名的建筑师约翰逊，他在玻璃住宅的创造力甚至超过了密斯著名的"范斯沃斯"，这也是他能在建筑界扬名立万的大手笔。我们来一睹该建筑风貌：首先，其内部空间有三部分构成，且比例均衡，周长6米的红砖柱筒，由壁炉、浴室组成；钢材料经过建筑师打磨，结构呈现平滑光亮的特点，并且跟玻璃内表面紧密贴近，这也便造成在透明度、光线反射方面有了最大限度地改良，这种"透明中又似乎不透明"的设计效果，称得上是约翰逊"折中思想和躁动个性"的完美彰显。

3. 环境压力

用于制造玻璃的材料十分广泛，其主要成分二氧化硅是地壳中含量最多的物质。然而，提纯后的二氧化硅由于受开采水平所影响，能储存的量并不大。另外，制造玻璃使用的添加剂也会造成环境问题。比如用来提高化学稳定性的氧化铝，就需要对铝土矿进行能源密集型的加工。虽然二氧化硅是惰性和无害的物质，但吸入二氧化硅粉尘会对肺产生刺激，导致肺炎和支气管炎——操作喷砂设备工人的常见职业病。吸入镁氧化物气体也是危险的，会导致金属烟热。

像许多建筑材料一样，玻璃在制造过程中需要大量的能源。二氧化硅

的熔点超过1700℃，虽然常用的添加剂可以将门槛降到1200～1600℃。玻璃制造中使用的炉灶以及运输产品所需的能源——导致每生产1t玻璃会产生2t二氧化碳。

玻璃是高度可回收的，目前已经建立起工业后和消费后玻璃的回收方式。可重新利用的废弃玻璃叫作碎玻璃，常用来制造多种产品，如混凝土台面和工业磨料。碎玻璃最初主要来自回收的玻璃瓶，而建筑玻璃等其他玻璃最终被填埋了。而且，透明玻璃会被优先回收，有色玻璃常常不被回收。减少建筑工地废弃物的实践和多种玻璃回收市场的扩大，能够提高碎玻璃的利用率。

目前建筑玻璃带来的最严重和最具争议的环境问题是建筑物的能源消耗。尽管中空玻璃单元（IGU）在能源效率方面做出很大改进——在两层或三层玻璃中间注入惰性和绝缘气体，如氩、氪、氙——但玻璃在建筑保温方面仍然表现不佳。因此，现代能源法规通常规定建筑外墙使用玻璃的最大面积比例——直接影响到建筑设计。

最终玻璃所占的比例是建筑师和使用者（希望更好的透光性和视野）与官员和建筑所有者（希望减少能耗）共同协商和斗争的结果。而且，环境评级体系直接将整个建筑的机械工程性能与建筑外观相连——玻璃对太阳能的隔绝能力增加一点，可以在整个建筑的生命周期内显著节省能源。活动玻璃窗打破了外部环境的封闭，将空气引入内部，加剧了这种矛盾和斗争。

4. 突破性技术

玻璃的技术革新沿着两条相互冲突的道路前进。一条道路是通过减少几何缺陷、色差、表面异常，制造出尽可能透明、无形的玻璃。这个目标是显而易见的，例如，由添加了抗反射涂层的透明玻璃制成的光滑的店面橱窗。第二条道路是追求材料在形式、结构和美学上的多种可能性——更注重尝试而不是完美，物质性而不是透明性。

新的富钛涂层可以使玻璃具有自洁能力，加强了第一条道路。这项技术使用一种热解涂层逐渐分解掉玻璃表面的有机残留物。下雨时，水冲刷玻璃表面，带走尘埃颗粒和无机灰尘，玻璃变干之后没有斑点和条纹——保证了玻璃的透明度，降低维护成本。

后一条道路在玻璃产品中得到落实，玻璃产品表现出多种几何形状和复杂表面，追求物质性而不是透明度。这些玻璃制品主要用来过滤、控制和表现光线——而不是仅仅透射光线。玻璃也被改进为能够承受更大的压力。例如，防火玻璃由被膨胀层隔开的安全玻璃制成。发生火灾时，膨胀层变得不导热，扩展形成隔热层，阻挡热辐射和传导，形成对烟雾、火焰和有毒气体的整体阻挡。玻璃也可以与高强度夹层材料叠加，或被浇铸到立体结构中（比如吊顶龙骨），以提高载荷能力。

考虑到面临降低建筑外墙能源消耗和改善采光性能的压力，最先进的建筑玻璃产品采用各种技术减少太阳能的吸收和热量的传递，或者采集能量，为建筑提供照明和加热。电致变色玻璃（也叫智能玻璃）加入电流后可以在透明和不透明之间转换。其中一种变色玻璃由镁钛合金薄膜构成，这种变色玻璃制成的切换镜可以很容易地在反射和透明状态之间转换。这种玻璃将建筑和汽车内空调系统的能源消耗降低30%。其他应用电气技术的例子包括用于夜间照明的低电压LED光源，将玻璃变成热能来源的导热夹层等。

建筑上有相当比例的玻璃在白天会受到阳光直射，因此需要遮挡物。能量采集玻璃包含一层太阳能光伏薄膜，在吸收能量的同时也防止眩光。专门的能量采集涂料和薄膜使窗户能够像大面积单极太阳能电池一样运作。一些玻璃系统采用可微调方向的固定微孔遮阳装置来减少吸收太阳能——如大都会建筑事务所设计的西雅图公共图书馆的幕墙，采用扩大的铝夹层来减少太阳辐射和眩光。

5. 创新性应用

德国小说家保罗·西尔巴特在他1994年的作品《玻璃建筑》中宣称：很多建筑师的愿望是用透明的玻璃代替坚固沉重的传统砖石。西尔巴特希望用新兴的透明结构改变欧洲城市中已经建立起来的刚性结构，布鲁诺·陶特、密斯以及其他有影响力的现代建筑师被这种愿景所鼓舞。

一个世纪以后，西尔巴特的愿望得到了实现。玻璃幕墙是现在商业建筑的常用外皮，为了提高透明度和可接近性，建筑师继续用玻璃替代各种不透明材料和结构性材料。高强度玻璃和先进的夹层叠加技术的发展，使玻璃系统可以在小尺度结构中代替钢材、混凝土和木材。例如Antenna公司设计的位于金斯温福德的博得费尔德·豪斯玻璃博物馆。

建筑师也实现了几何复杂性结晶膜的设想，如赫尔佐格和德梅隆建筑事务所设计的东京普拉达青山店，建筑师在一个斜交网格结构中加入了曲线平板玻璃。

颜色也是玻璃建筑中一个有力的设计元素。荷兰NL Architects最近为一家连锁酒店带来了紫晶酒店（the Amethyst Hotel）的设计，外形灵感正源于紫水晶，为了突出紫水晶的治愈性特点，整幢建筑就像被剖开的紫水晶，露出部分看起来相当逼真。

（十一）陶瓷

陶瓷是陶器和瓷器的总称。陶瓷原料是地球原有的大量资源黏土经过萃取而成，坯体细，表面粗糙有釉层，声音浑厚，由于具有吸水性，常遇温水可塑。从制作工艺上，可区分为上釉与不上釉两种。

1. 不同陶瓷使用方式

（1）内墙瓷砖，由瓷土压制而成，干燥后上釉熔烧而成，表面光滑，易清洗，颜色丰富多样，因与外墙砖不同，不可用于室外。

（2）陶板砖，优质黏土制成，吸水率小于5%。

（3）陶瓷马赛克，用优质瓷土烧成，分上釉、不上釉两种，质坚、耐火、耐腐蚀、吸水率小，易清洗，色彩丰富，最适合外墙及地面使用。

（4）陶瓷壁画、壁雕：陶瓷壁画，是在陶瓷板上使用颜色釉绘画，经高温烧成；壁雕，采用陶瓷板材料使用雕刻方法制作的一种壁饰。

2. 陶瓷器具分类

（1）陶瓷洁具，以陶土或瓷土制坯并烧制出来的卫生洁具用品，是洁具中品质最好的，具有质坚、耐磨、耐酸碱、吸水率小、易清洗等优点。形式、种类丰富，色彩也很多，以白色为最常用。

（2）陶瓷器皿，日用陶瓷是陶瓷中应用最广的产品，人们日常生活中不可缺少的生活必备品。种类、花色齐全，质地或细腻或粗糙，釉色变化丰富。

3. 陶瓷艺术品

以单件艺术品形式出现。由于陶瓷的原料可塑性极强，可画可塑，因而成为艺术家进行创作的极好载体。陶艺作品既实用又可供欣赏，亦可作为大型艺术品登上大雅之堂，是艺术与生活结合的产物。

（十二）塑料

1. 认识

塑料被我们描述为合成高分子材料，它的名字源于一种活动——浇筑和塑造。希腊动词"plasseln"的意思是"浇筑或塑造一种柔软的物体"，而形容词"plastikor"的意思是"可以被浇筑和塑造的"。20世纪，化学家发明了具有前所未有的特定属性的现代高分子材料，"plastic"这个词就逐渐与不断努力想要巧妙地使用材料的成果联系起来。塑料体现了现代科技工作的困境。一方面，它满足了我们的期望：便利、可控、适用并且耐腐蚀；另一方面，它的生产和散播污染了环境，增加了材料循环利用的复杂性，还挑战了已经建立的对于真实性的定义。塑料是这样一种持久耐用的材料——通过某种核心科技手段获得的一种令人满意的特性——然而这违背了自然过程。此外，作为易腐烂材料的替代品，廉价材料的广泛应用引起了社会广泛的怀疑和犹豫。小说家托马斯·平琼抱怨塑料的"完美的耐久性"；伊东丰雄为当代文化的无趣乏味感到悲伤，他将其比喻为透明玻璃纸：尽管我们周围有各种各样的商品，然而我们生活在完全同质的环境中。我们的丰富不仅仅靠一层保鲜膜来维持。

尽管如此，塑料仍是一种令人难以拒绝的材料，它在建筑中得到越来越广泛的应用，并且刚刚开始显示在科技和环境方面的潜力。另外，目前一个意义深远的转变是正在用可再生资源替代塑料原来的生产原料：石油。随着碳水化合物（可再生材料）逐渐取代碳氢化合物（化石燃料），将来某一天，塑料可能会实现最大量控制和环境容量之间令人难以捉摸的平衡。

塑料是以单体为原料，分为人造和天然两种高分子聚合物，可以自由改变成分及形体样式，由合成树脂及填料、增塑剂、稳定剂、润滑剂、色料等添加剂组成。其实它是合成树脂中的一种，形状跟天然树脂中的松树脂相似，经过化学手段进行人工合成，不易受常温常压的影响，质地轻、易成型，具有物理、机械性能，防腐，电绝缘等特性，但耐热性和韧度较低，长期暴露于大气中会出现老化现象。常见的塑料制品有：塑胶地板、贴面板、有机玻璃、人造皮革、阳光板、PVC吊顶及隔墙板等。

塑胶地板是聚氯乙烯树脂加增塑剂、填充料及着色剂，经搅拌、压延、切割成块，或不切而卷成卷。以橡胶为底层时，成双层；面层或底层加泡沫塑料时则成三层。贴接胶粘剂为聚氨酯型405胶。塑料贴面板系多层浸渍合成树脂的纸张层压而成的薄板，面层为聚氨酯树脂浸渍过的印花纸，经干燥后叠合，并在热压机上热压而成。因面层印花纸可有多种多样颜色和花纹，因形式丰富，其化学性能稳定，耐热、耐磨，在室内装饰及家具上用途极广。

有机玻璃是热塑性塑料的一种，透光性好，机械性能好，耐热、抗寒、耐腐、绝缘等性能好，成型容易，但较脆，且不耐磨，有多种颜色。

人造皮革以纸板、毛毡或麻织物为底板，先经氯乙烯浸泡，然后在面层涂以由氯化乙烯、增韧剂、颜料和填料组成的混合物，加热烘干后再以压碾压出仿皮革花纹，有各种颜色和质地。处理上可平贴、打折线等。

PVC隔墙板系以聚氯乙烯钙塑材料，经挤压加工成中空薄板。可作室内隔断、装修及搁板。具有质轻、防霉、防蛀、耐腐、不易燃烧、安装运输轻便等特点。

2. 发展及应用创新

在19世纪中期塑料首次被制造出来，是旨在提高自然材料性能的实验的附属品。令人鼓舞的是，最终这些新物质将会替代更昂贵且有缺点的材料。英国化学家亚历山大·帕克斯于1855年发明的赛璐珞被认为是第一种热塑性塑料，用于仿造玳瑁和玛瑙。酚醛塑料于1907年被比利时化学家贝克兰从苯酚甲醛和甲醛（产自焦油）的混合物中提取出来，这是第一种热固塑料，也是第一种从合成材料中获得的塑料。酚醛塑料用于替代硬橡胶和虫胶，并可用于制造绝缘电子零件。

20世纪30年代以后塑料的生产出现了爆炸式增长，带动了尿素甲醛树胶、有机玻璃（PMMA）、聚苯乙烯、醋酸纤维素和其他合成高分子材料的商品化发展。到目前为止，塑料已经是遍及全世界的家用材料。

第二次世界大战以后，塑料生产的大幅增长逐渐和这个时代新兴的物质主义联系起来，许多人认为塑料是肤浅的和人造的。但塑料展示了它在绝大多数苛刻环境下的优良性能，因此塑料成为汽车、家具、玩具、服装行业中无处不在的材料——到现在为止，尼龙和氯丁橡胶已经成为丝绸和天然橡胶的替代者——塑料完全改变了这些行业。

尽管塑料最开始应用于小巧且大规模制造的物体，但建筑尺度的塑料系统在20世纪50年代末期加速发展。塑料制造商可以通过新开发的技术方法，比如叠压和强化玻璃纤维制模，来适应建筑的大尺度。早期的塑料建筑通常被想象成两种方式中的一种：模板制造的刚性结构，或者韧性纤维制造的弹性结构。后一种包括填充式结构和充气式结构。

阿尔伯特·迪茨是一位结构工程师，在孟山都未来之家的建造中起到重要作用。迪茨在麻省理工的塑料研究实验室研究第二次世界大战中的尼龙装甲，1954年孟山都公司委托该实验室研究并设计革新性的公司大楼。为追求塑料独特的表现形式，迪茨和建筑师理查德·汉密尔顿决定要利用连续的塑料表面来建造一整块建筑外立面。他们将大规模生产的理念融入设计当中，4个悬挂在基座上面的分离舱连接在一起组成未来之家。大型的分离舱由强化玻璃纤维聚酯制成，用吊车将它们放到基座上并组成一个L形。安装过程非常艰难、复杂并且需要大量的人工劳动来完成。

第二次世界大战后，伯克明斯特·富勒对工业化房屋建造的兴趣引起了他对短程线穹顶的兴趣，短程线穹顶是一种能够以极小的材料曲面面积提供最大空间的积木式结构。富勒最早的小圆屋顶在麻省理工学院制成，是一种包含薄金属支架的自支撑结构，支架表面覆盖轻型材料。1967年富勒为蒙特利尔世博会美国馆所做的设计，包括一个几乎完全是球状的圆屋顶，高61米，直径76米。1900片模塑的丙烯酸塑料片镶嵌在氯丁橡胶索上，然后覆盖在钢管弦上，这个圆屋顶像一个有花边的金银细丝工艺品映照在天空下。对富勒来说，塑料为无形体限制的建筑提供了可能，这种建筑基于自然界中发现的复杂结构模式。

3.环境压力

合成塑料来源于化石燃料，受到了很多与石油和天然气同样的批评——包括消耗非再生资源，导致全球变暖，排放污染，以及加剧了全球对石油的竞争，更不幸的是，这种竞争导致了所谓的石油独裁。

许多塑料在其使用期的某些阶段会释放有毒物质。在制造和燃烧的过程中，PVC会释放二噁英，一种广为人知的致癌物。聚亚安酯（PUR）含有二异氰酸酯；尿素和三聚氰胺含有甲醛；聚酯和环氧树脂含有苯乙烯。一些塑料会在其大部分使用期中向大气释放挥发性有机化合物（VOC）或者废气，加重人们的呼吸问题。人们已经知道用于制造某些塑料的双酚基丙烷（BPA）和邻苯二酸甲酯会导致内分泌失调，并且实际情况显示，即使是量很少也会导致人体的发育问题。这些化学物质已经在环境中广泛蔓延，并且难以降解。人们必须努力减少或者消除这些材料的使用，并且在生产过程中采取必要的安全预防措施。

尽管塑料抗自然降解的特性在其使用过程中意味着高品质，然而这种耐久性并不总是令人满意的，尤其考虑到它在环境中一直存在，而人们并不乐意看到它。10%的废弃塑料被排放到了世界各大海洋中，洋流将这些材料聚集到了五个不同的漩涡中——形成耐久垃圾的浮岛，这些浮岛成为环境死亡地带。幸运的是如果处置合理，热塑性塑料很容易被循环利用，同时热固性塑料可以重新研磨制造新的合成物（尽管这还不普遍）。用可循环材料制造塑料也可以降低塑料的自含能量，1t再生塑料可以节省$2.6m^3$的石油，比制造原生塑料节省50%~90%的能源。因此，在设计和确定技术规格过程中考虑塑料零件的可再生能力和可降解能力非常重要。

4. 突破性技术

因为塑料是一种相对较新的材料，所以它与当代社会的理念密切相关。塑料在现代科技和文化的发展中起到了明显的作用，但是它也一直是具有争议性的材料。塑料的技术进步一般遵循以下两条路径：性能提高和材料替代。性能提高要求相对其他的材料塑料能够更轻便、坚固、耐用、柔软以及不易褪色，而材料替代则指塑料的应用可以作为其他物质的模拟物。随着对废弃塑料难以降解的关注度的不断提高，现在出现了解决问题的第三种路径，即用新材料制造可以循环再利用的塑料，以及研发可以安全降解的生物塑料。

耐用而且轻便的蜂窝状塑料复合板最初是为制造卡车车床而开发的，而现在被越来越多地应用在建筑材料上。这些复合板结构的两个表层是固体聚合物片材，例如玻璃纤维和聚酯树脂熔铸的贴面，中间是由聚碳酸酯或铝制造的蜂巢状夹芯。这些高分子复合材料硬度高、质量轻，具有光传导性，尤其是它们可供选择的颜色和样式多，这使得它们能够很好地应用到轻型结构之上，例如墙面、地板和工作台面。

性能提高不仅意味着在机械和美学上的改善，而且还涉及自我控制和调节——这是智能材料的标准。自修复高分子材料是指在结构上具有自动修复能力的高分子材料（受生态系统的启发，自修复塑料使用催化化学触发机制以及环氧树脂基体的微囊化的愈合剂。不断变大的裂缝会使微囊破裂，微囊便会通过毛细作用往裂缝中释放愈合剂）。

形状记忆聚合物是一种感应塑料，它能够从坚硬的状态变为弹性状态然后恢复到原来的形状，可以广泛运用于建筑结构、家具、模具、包装等。研究成果表明，或因表面层上有一种基于聚合物的控制光和通风的窗口，窗口在空气气压下降至理想水平时会增加气流量，这样就可以通过鳃状板条的打开和闭合来调节表面的形状。

塑料广泛运用于数字制造技术上，如3D打印技术。塑料也促进了可再生能源的利用。有机光伏（OPV）是用来导电和利用能量的高分子材料。尽管相对低效，OPV却仍然广受欢迎，这是因为它可以较低的成本大规模生产。由OPV的多个纳米结构层制造的轻柔的薄膜在很多应用中能将光转化为能量。因为这种薄膜比传统的太阳能电池有更好的光谱灵敏度，所以它可以从所有的可见光光源中获得能量。将灵活和轻巧的OPV能量采集系统安装到现有的建筑外立面上十分容易，这提高了低成本可再生能源的适用性。

因为塑料能够很快地传递和过滤光，由此促使新兴的高分子材料技术探索塑料在传播光方面的令人意想不到的新功能。塑料镜膜被设计用来实现光传输效率的最大化，虽然它是完全基于高分子材料来制造的，但这种高分子材料薄膜的光反射率可以超过99%，比任何金属的都高。银和铝是制作镜子最常用的金属，高分子材料薄膜相比银和铝更能精确地反映颜色。薄膜可以用在日光传输系统上，为黑暗的室内带来日光。其他值得注意的材料主要有能够根据视角的变换呈现透明或半透状态的聚酯薄膜，受夜间飞行蛾眼结构的启发而发明的防反射膜，以及利用光导管三维矩阵能将光传输到阴暗区域的高分子材料结构板。塑料自从发明以来，就一直被用来替代其他材料。塑料几乎可以以假乱真地替代象牙、漆器、棉花、木材、石材、金属等材料——只有在用手触摸的时候才能发现塑料和上述材料之间的区别。

用玉米以及其他主要农产品制造的高分子材料使更多基于可再生资源的塑料成为可能，例如旨在取代轻木的几丁质聚合物是从蘑菇中提取的，用来制造电脑和手机外壳的生物塑料材料来自红麻纤维，以及用来制造电路的复合材料来自大豆和鸡毛。

石油资源的稀缺以及不可避免的塑料垃圾处理问题催生了使用可再

生材料制造的塑料，同时也促使越来越多的公司利用塑料垃圾制造各种产品。在精明的厂家眼中，废弃的光盘、聚碳酸酯水瓶、半透明的牛奶壶、聚苯乙烯食品包装、聚丙烯制造的地毯、聚酯磁带等废弃物在粉碎之后都是高分子原材料，厂家会不断赋予它们新用途，用来制造新的产品。

5. 创新性应用

塑料在建筑方面的应用是具有突破性意义的，合成高分子材料的发展使得塑料可以越来越多地替代建筑材料。在管道、壁板、门窗、防水层、墙面、家具以及各种涂料和黏合剂的身上都出现了塑料的影子，取代了传统木材、石材、陶瓷和金属等材料。这种现象在很大程度上是由经济利益驱动的，因为使用塑料产品取代原有的材料可以降低成本。

早期的高分子材料专家察觉到了公众对于塑料产品的不信任，由此专家们开始寻求改变塑料以往在人们心目中脆弱的形象——他们宣称塑料不再是"替代性材料"，而是把塑料定位为"人们依据自己的需求而去创造"的材料。事实上，塑料已经被开发出一些特有的性能，这增强了塑料的独特性。大多数应用在建筑上的塑料是在1931年到1938年之间被发明的，20世纪50年代之后塑料才开始在建筑中得到广泛应用。

利用轻质材料制造墙壁和孔板正在成为一种趋势，使用纯PMMA或PC制造的水平的、波浪形或者多层的片材，由于具备质量轻、透光、绝缘的优点，受到了越来越多的人青睐。当用于大型建筑的基于纺织物外壳系统时，塑料展示了令人满意的环境效果，比如PTW建筑设计事务所为2008年夏季奥运会设计的北京国家水上运动中心，这座建筑用到了充气ETFE包层。

源于塑料的纺织物也广泛用于防感染清洁外皮，比如吉恩·诺威尔的哥本哈根音乐厅里的强化玻璃纤维PVC窗帘，它白天是一个色泽鲜明的纱罩，晚上是一个投影屏幕。

在应用上建筑师也赋予塑料第二次生命。FCJZ工作室开发了塑料步道铺砖等更多出人意料的功能——通常塑料步道铺砖用于加强地面覆盖——将它们用于北京塑料厕所的墙面和房顶。在建造期间，这些蜂窝结构组件被连在一起，形成更大的表面，表面两侧都用半透明聚碳酸酯片包裹起来。循环使用的PET饮料瓶被组装到Transstudio的PET墙的联锁组件中，这种PET墙是一种自立式半透明窗帘，它将注射模塑塑料组件组合在一起，形成一个膨胀的散光透镜。

（十三）墙纸

墙纸是室内装修中使用最广泛的界面（墙、天花）装饰材料，其图案丰富、色泽美观，通过印花、压花、发泡等可制成各种仿天然材料和各种图案花色的墙纸。一般按基材的不同分为：纸基纸、织物纸、天然材料纸、金属纸、塑料纸五种类型。

纸基墙纸发展最早，纸面可以印图案、压花，基底透气性好，水分易散发；但不耐水、难清洗、易断裂，改性处理后其性能有所提高，应用到壁纸中，不仅环保还高档。

织物墙纸其面层选用布、化纤、麻、绢、丝、绸、缎、呢或薄毡等织物为原材料，并浸以防火、防水涂料，是室内装饰材料中的上等材料，给人以高尚、雅致、柔和的印象。

天然材料墙纸用草、麻、木材、树叶、草席等制成，也有用珍贵树种薄木制成，其产品材质自然、舒服，给人以亲切、高雅的感觉，亦是高档材料。

金属墙纸在基层上涂有金属膜制成，给人以金碧辉煌、庄重大方的感觉，适合在气氛热烈的场合使用，如舞厅、酒吧等。

塑料墙纸是发展最迅速、应用最广泛的墙纸（布），约占墙纸产量的80%。有发泡墙纸、特种塑料墙纸等。

（十四）地毯

地毯是以毛、麻、丝及人造纤维材料为原料，经手工或机械编织而成的用于地面及墙面装饰的纺织品。分为纯毛地毯、混纺地毯和化纤地毯。此外，还有用塑料制成的塑料地毯和用草、麻及其他植物纤维加工制成的草编地毯。其中，纯毛毯分为手织与机织。手织毯昂贵，绒毛的质与量决定地毯的耐磨程度，耐磨性常以绒毛密度表示。混纺毯品种极多，常以毛纤维与其他合成纤维混织，其耐磨性可提高五倍。化纤毯则以丙纶、腈纶纤维为原料，经机织制成面层，再与麻布底层溶合在一起制成。品质与羊毛类似，耐磨而富有弹性，经特殊处理后可具防火阻燃、防污、防静电、防虫等特点。根据地毯表面织法不同又分为：素花毯、几何纹样毯、乱花毯和古典图案毯。根据断面形状不同则可以分为：高簇绒、低簇绒、粗毛低簇绒，以及一般圈绒、高低圈绒、粗毛簇绒、圈簇绒结合式地毯。

（十五）石膏板

石膏是以熟石膏为主要原料加入适量的纤维与添加剂制成，具有质轻、绝热、吸声、不燃和可锯可钉性等性能。石膏板与轻钢龙骨（由镀锌薄钢压制而成）的结构体系（QST体系），已成为现代室内装修中内隔墙的主要体系。石膏板的种类大致如下：

（1）纸面石膏板：在熟石灰中，加入纤维、轻质填料、发泡剂、缓凝剂等，加水拌成浆，浇注在重磅纸上，成型后覆以上层面板，经过凝固、切断、烘干制成。上层面纸经特殊处理后制成防火或防水纸面石膏板。但纸面石膏板不适合放在高湿部位。

（2）装饰石膏板：在熟石膏中加入占石膏质量0.5%～2%的纤维材料和适量胶料，加水搅拌、成型、修边而成，通常为正方形，有平板、多孔板、花纹板等。

（3）纤维石膏板：将玻璃纤维、纸浆或矿棉等纤维在水中"松解"，在离心机中与石膏混合制成料浆，然后在长网成型机上经铺浆、脱水，制得无纸面石膏板。其抗弯强度和弹性都高于其他石膏板。

第三章 环境艺术设计的快速表现技法

快速表现技法是环境艺术设计的一项基本能力，通过快速的表现而形成设计构思和方案。要提高设计快速表现能力就必须提高造型能力，而造型能力的提高是可通过大量的速写来提高的。从环境艺术设计师长远的发展来看，掌握环境艺术设计快速表现在当今环境艺术设计研究与教育中显得尤为重要。

第一节 环境艺术设计快速效果表现工具与方法

手绘技法，常运用于环境设计、室内空间设计、景观规划设计、家具设计、风景园林设计等专业方案设计表达，是最实用、最便捷、最直接且运用最广泛的一种表现技法。

手绘技法伴随着环境艺术设计走过了漫长的历程，从表面上看是一种设计表现形式，其实它所体现的不仅仅是设计师的绘画功底，更多的是表述设计师的创意灵感、推敲方案等方面的设计能力，是衡量设计师设计能力的依据。即便是在电脑普及的今天，手绘的重要地位也没有被改变。这说明电脑作图并没有冲击到传统手绘的影响力，手绘效果表现仍有进一步研究及发展的必要性。

一、手绘效果表现的价值与意义

一名优秀的设计师，能够对瞬间迸发的灵感进行捕捉。迅速利用手中的笔随时表现个人创意，第一时间抓住灵感，这就是手绘的魅力所在。古往今来，众多的设计师在创作前都会进行无数次的草稿创作，这些创作不仅仅是练习，而是为了更好地完善自己的创意，使作品达到最佳效果。

手绘技法具有独特的生命力，作为一种现代艺术设计表现形式，它最突出的特点就是通过艺术表现的形式，对环境进行更加科学合理的规划设计，是美化生活环境的一门实用艺术。同时，重在满足人们对外在环境在功能、生理、精神或心理方面的审美需求，属于空间艺术的范畴。它是设计师具有明确主观意识的个体设计行为，充分展示了设计师的艺术才能、创作风格及设计表达能力。手绘表现有设计，也有规划，目的就是为大众创造一个良好、适用且美化了的生存与生活空间。

二、手绘效果表现的学习方法

手绘训练方法分为六大步骤：

第一步骤，基础训练。从大量的线条练习开始，到简单的物体结构表现，循序渐进，使学生掌握线条的变化规律，并针对实际进行熟练使用。

第二步骤，在线条训练的基础上进行简单的室内和景观单体的训练，掌握线条的变化性与实际应用性。

第三步骤，多个物体组合及小场景表现技法训练，逐渐学习不同物体的明暗关系、结构、色彩、材质上色的表现技巧与方法。

第四步骤，平面、立面、剖面图的手绘表现技巧与方法训练。

第五步骤，整套设计方案快题手绘表现技巧与方法训练。

第六步骤，室内和景观环境的场景快题手绘综合表现技法训练。

三、环境艺术设计快速效果表现工具

（一）画笔类

1. 针管笔

针管笔用来绘制较为细致的效果图，常用的有三种型号：0.1mm、0.2mm用来勾画物体内部线条；0.3mm用来勾画物体结构线和阴影外边；0.8mm用来勾画墙体的主要结构。

提示：建议初学者购买一次性针管笔，因为添加墨水的针管笔很容易堵塞。在使用针管笔的时候，切记不要用力过大，用力过大容易把笔头按进去，缩短笔的使用寿命。另外，最好不要在铅笔痕迹较深的地方用针管笔，因为铅笔末会粘到针管笔笔头上，造成针管笔的损坏。

2. 钢笔

钢笔线条流畅，墨线清晰，明暗对比强烈，尤其是使用美工钢笔进行速写表现，具有很强烈的表现效果。其中英雄382美工笔，线条粗细变化较丰富，优美而富有张力，可快速表现大的明暗体块关系。

3. 中性笔

中性笔是最为常见的绘画工具，相对便宜，携带方便，使用率很高，但缺点也很明显：使用时间久了会出现出水不流畅的问题，还容易滑纸，使用过程中容易弄脏纸面和手。但初学者最初练习线条时可以使用。市面上中性笔的品牌、型号很多，建议0.38mm和0.5mm各备一支，方便表现不同的物体。

4. 马克笔

马克笔又称麦克笔，有水性和油性之分。水性马克笔色彩鲜亮，笔触界限明晰，颜料可溶于水，通常用于在较紧密的卡纸或铜版纸上进行作画表现，缺点是重叠笔触会造成画面脏乱，常用品牌是日本美辉。油性马克笔色彩比较柔和，笔触自然，有较强的渗透力，颜料可用甲苯稀释，尤其适合在描图纸（硫酸纸）上作图，缺点是难以驾驭，需多画才行，品牌有韩国TOUCH、美国三福、美国AD等。目前手绘效果图中使用最多的是油性马克笔。马克笔两端有粗笔头和细笔头，粗笔头又有方形笔头和圆形笔头之分。方形笔头平直整齐，笔触感强烈有张力，易于掌控，适合比较整体的块面上色。圆形笔头笔触线条豪放，变化丰富，适合表现笔触。

5. 彩色铅笔

彩色铅笔俗称彩铅，可以反复叠加而不使画面发腻，适合表现家具、石材、光影的质感，是比较容易掌握的一种着色工具，而且可使用的时间较长。最常用的是德国辉柏嘉水溶性彩铅，使用这种彩铅需注意的是，在绘图、削铅笔过程中不要用力过大，因为彩铅的密度较小，容易折断。

6. 铅笔

铅笔绘图容易修改，主要在绘制细致设计图时打底稿使用，为初学手绘者必备。

7. 修正液

修正液是在效果图即将完成时用来对画面高光进行提亮，修改细节处时使用的，可为画面起到画龙点睛的作用。最常用的品牌是日本三菱修正笔，其液体比较流畅。

（二）画纸类

1. 复印纸

复印纸使用广泛，价格低廉，但易破损，不宜长时间保存，而且有时候还易划伤手，适合学习手绘初期练习时使用。复印纸通常分为709、809、909、1009这4个常见级别，克数越重，纸张越厚，质量越好。

2. 草图纸

草图纸是设计师最常使用的，质地轻而透明，一般常见的有白色和淡黄色两种，成卷装，使用方便而且使用时间较长，适合做设计方案时画创意草图，深受设计师青睐。

3. 硫酸纸

硫酸纸更为透明、厚重，纸面较滑，在硫酸纸上绘图常用针管笔或一次性针管笔，因为普通笔在上面绘图易断墨，笔迹不宜快干，容易把图面和手弄脏。

（三）尺规类

1. 直尺

直尺是设计师最常用的尺规类工具，其长度一般是30～50cm。

2. 三角尺

三角尺是设计师绘图常用工具，使用方便，常与专业绘图板配合使用，能绘制平行线、垂直线及各类角度线。三角板刻有标准的30°、45°、60°和90°角。

3. 曲线板

曲线板是设计师绘制带有曲线、弧线的平面以及立面图纸时使用的工具，曲线板模具有的形式较多，可根据需要进行选择。

4. 比例尺

比例尺是设计师做设计的必备工具，比例尺能够帮助设计师精确绘制平面图、立面图，并能进行精确的比例换算，因此深受设计师喜爱。

（四）箱包类

1. 工具箱

工具箱的样式较多，主要用来装置马克笔，两层能容纳约65支笔即可，市场上工具箱的颜色及构成材料有很多。

2. 笔袋

笔袋可以放置钢笔、草图笔、针管笔、铅笔以及橡皮、刻刀、扇形比例尺等，同样是设计师的必备工具。

3. 图纸包

图纸常见的有A3、A4两种规格，设计师绘制方案效果图一般常用A3图纸包，里面可以放A3、A4的图纸，图纸包便于设计师出差或写生携带图纸，方便且实用。

4. 图纸夹

常见图纸夹有A3、A4两种规格，适合放置于绘效果图。使用图纸夹能让学习者养成良好的习惯，翻看时不会把图纸弄脏、弄皱，同时方便保存及携带图纸。

四、钢笔线条的种类与训练方法

（一）钢笔线条的种类

1.抖线

抖线，犹如小波纹状的平缓直线，是设计线稿中最基础、最常用的基本线条。抖线练习对于环境设计专业的学生来说非常容易掌握，是学生最容易上手且最初级的训练方式。

2.拉线

拉线，是在顺手方向快速描画直线的排线方法。在线稿中，拉线要求用笔准确、笔触挺直，因而需要较长的时间不断练习，才能做到得心应手。

3.碎线

碎线，指比较随性的、曲折连贯的线条，是一种较为特殊的排线方法。画碎线要一气呵成，气势连贯却常不相衔接，可断可续，应视情况而定。在线稿中主要表现乔木、灌木及以及藤本植物的枝叶等。

4.划线

划线指从不同的方向下笔，快速画痕线，可以在任何方向划线，运用得当可为画面增色不少。

（二）排线的空间练习和体块练习

无论多么有成就的画家和设计师，都必须从最初级的画线和排线开始。在课堂上长时间的反复练习排线，常常会使人感到简单枯燥。为了避免因疲劳而厌学，可以酌情安排一些有形的、有空间感的趣味排线空间练习和体块练习，调节课堂情绪，比如可以利用抖线、拉线、碎线、划线临摹一些图片，进行穿插训练。

（三）常见钢笔线条临摹练习

从时间上讲，排线有快慢之分；从空间上讲，有粗细之分；从专业设计角度来讲，有四种易于掌握的排线方法，即抖、拉、碎、划。在练习线条的过程中要坚持每日一练，画的时候有头有尾，轻重分明、注意秩序性。

五、马克笔的训练方法

（一）马克笔的基础使用

马克笔具有上色方便、快干和表现迅速的特点，分油性和水性两种。油性色彩鲜艳，渗透力强；水性色彩淡雅，较易与其他材料技法合用，应用广泛。在使用中，马克笔主要通过粗细线条的排列和叠加组合取得丰富的变化，以此达到我们塑形上色的目的。因此，我们在马克笔的使用当中，基础笔法就是对直线的运用，这也是进行马克笔练习的基础和开端。在运用马克笔时，下笔、起笔要干脆利落，运笔要快速、有力度。

在练习中常存在一些用笔问题，如下笔、收笔停顿太久，导致笔触头尾出现重点；运笔犹豫不决，导致笔触波动；笔触无力度，不能均匀接触纸面等。

在进行平行排笔练习时要注意，应沿着一个方向进行排笔，如水平方向、竖直方向或者倾斜方向。在排笔时还要注意，握笔杆的手要稳，心情要平和，一笔接一笔不间断地向后移动，在移动的时候速度应基本一样，这样就不会出现不均匀。移动过程中可以笔笔相连，也可以留出空白或飞白，这样画出来有密有疏，有主有次，既统一又有变化。

（二）马克笔的笔触排列

马克笔的笔触排列形式多样，手法灵活，通过不同笔触的排列可以帮助我们塑造物体，表现场景。在进行笔触排列练习时要多尝试、多体会，了解不同的排列所带来的不同画面效果。

1. 平涂法

在效果图快速表现中，平涂法是最常用的手法，有横向平涂、竖向平涂、横竖结合平涂以及斜向平涂等。在手绘效果图快速表现中，平涂多是以薄涂为主，无论是哪种形式的平涂，平涂方式都可以根据所描绘物体的透视或结构走向用笔。在运用马克笔进行平涂时，还常常根据需要适当留有空隙，产生飞白，或者将两种方向结合使用。

在室内室外设计方案表现过程中，都大量用到平涂的手法，如在室内环境中防腐木的表面处理表现，采取的就是平涂手法，以加强整体材质的光感。在景观中木平台、草地也常用平涂来表达。

2. 叠加法

叠加法就是在色彩平涂的基础上按照明暗光影的变化规律，重叠不同种类色彩的技法。马克笔、彩铅以及水彩在快速表现中叠加技法应用非常广泛，它常常与平涂相结合，在平涂的基础上叠加色彩和笔触，这样既能让所表现的对象色彩丰富、形象活泼生动，同时可以通过制造逐步加深的明度关系将光影关系明确化，更接近现实。马克笔在表现叠加技法中，主要有同色叠加、深色叠加浅色、不同颜色混合叠加等。

叠加法在深入细致刻画中运用得比较多，如在画面中表现出物体的形体以及光影变化都要用到重复排笔，或是在原浅色基础上加入重色体现物体的立体感。在特殊物体中，必须要重复运笔才能表现出预期的效果，许多情况下都要使用叠加法。

3. 点画法

与其他几种画法相比，点画法运笔比较随意、自如，也比较好掌握，缺点是画面中若过多地使用此种方法，图面会显得过于杂乱，因此不提倡大面积使用此法。建议在局部刻画时运用点画法，可以使画面塑造得更深入。

4. 留白法

留白，就是在作品当中留下相应的空白。这也是马克笔手绘效果图中常用的表达技法。

在手绘效果图表现中，留白首先运用在构图上，整幅画面不被景物所填满，适当留有空白，给人以想象的余地。比如前景的树木、人物、车等，通常是留白的对象，这样既不至于让它们喧宾夺主，抢了画面，又能起平衡画面、制造空间的作用，前景中的人物采取的就是留白画法，其次，也常常用一些空白来表现画面中需要表现的水、云、天空等景象，这种技法比直接上色涂满表达效果更好，画面的透气感也更强。

六、彩铅的画法

（一）平涂排线法

平涂排线法，就是运用彩色铅笔均匀排列出铅笔线条，达到色彩一致的效果。也可根据实际的情况改变彩铅的力度，以便使它的色彩明度和纯度发生变化，带出一些渐变的效果，形成多层次的表现。

（二）叠彩法

几种色彩叠加使用，运用彩色铅笔排列出不同色彩的铅笔线条，变化较丰富。

（三）与马克笔结合

运用马克笔铺设画面大色调，再用彩铅叠彩法深入刻画。

彩铅上色后不易清除，所以彩铅的上色顺序一般是从浅到深，对一些把握不准的地方可以留白，想好之后再上色。涂色时，不论排线还是平涂线，都应先均匀上色一遍，需要加深的地方再考虑叠加上相同颜色。彩色铅笔的基本画法就是平涂和排线两种，相对简单。但若想描绘出良好的画面效果，还需要对彩铅多加练习。

第二节 环境艺术设计室内透视图的表现技法

透视图是以作画者的眼睛为中心做出的空间物体在画面上的中心投影。它具有将三维的空间物体转换成便于表达到画面上的二维图像的作用，它是评价一个设计方案的好方法。透视图的目的在于将所设计的室内空间更为立体、准确地表现出来，它是以最快的视觉语言向客户充分说明设计师的设计意图和目的的表现手段。按照几何学的说法，任何形体都是由点积聚而成的，所以用透视法的"直接法"求形体上的若干个点，将这些已求好的点连接，即可得到透视图。但用此方法有时会因物体的形状而导致作图相当困难，也不易求得很正确的透视关系，因此求点的直接法多作为辅助方法，而一般所采用的方法是求消失点的作图方法，即先求直线的消失点，然后求直线透视图，再决定必要的点和长度，如此便能求得正确的透视图。室内常用的透视方法可分为一点透视、两点透视、三点透视。

下面是透视学中的常用术语及其含义。

（1）立点（SP），观察者所处的位置，也称足点。

（2）视点（EP），观察者眼睛的位置（一般在立点SP上部的某一点）。

（3）视高（EL），观察者的眼睛距基面的高度，也是视点EP与立点SP之间的距离。

（4）视平线（HL），观察物体时眼睛的高度线，又称眼睛在画面高度的水平线。

（5）足线（FL），是求取物体在透视中的深度，由物体各点向SP点的连线。

（6）画面（PP），位于观察者与物体间的假设的（透明）平面，或称垂直投影面。

（7）基面（GP），承受物体的平面。

（8）基线（GL），画面与基面的交界线。

（9）视心（CV），视点在画面上的投影点。

（10）灭点（VP），与基面平行，但不与基线平行的若干条线在无穷远处汇集的点即为灭点。

一、一点透视画法

一点透视也称为"平行透视"，它是一种最基本的透视作图方法，即当室内空间中的一个主要立面平行于画面，而其他面垂直于画面，并只有一个消失点的透视就是平行透视。这种透视表现范围广、纵深感强，适合表现庄重、稳定、宁静的内部空间环境，但如果处理不当也会失真，例如当展开面过宽时，超出正常视角的部分则会产生失真的现象。一点透视画法方便、快捷，一般使用丁字尺与三角板等工具配合完成。

（一）画图准备

（1）画出图3-1中由视点EP所见到A墙面的室内透视图。

（2）所练习题目的相关信息如下。

1）在平面图中按照1：50的比例绘制透视图中所用的基准网格，也就是通过1、2、3、4、d_1、d_2、d_3各点的直线，各个点之间的距离相等，房间具体的尺寸如图3-1所示。

2）画天花板两侧的边棚部分，其高度为-100mm，边棚边界用虚线表示。

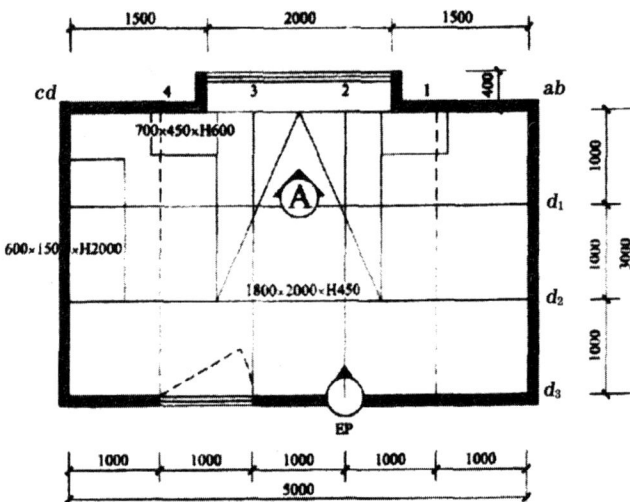

图3-1 一点透视画法（一）

3）平面图中所包含的物体有：床尺寸为1800×2000×450；床头柜尺寸为700×450×600；衣柜尺寸为600×1500×2000。

4）将室内的天花板的高度定为2600mm，窗高1000mm，窗台高1000mm。

5）视点EP位置可在平面图下方的任意地方，其距离一般保持在与距离

A墙面宽度相同的地方,这样可以较容易地画出室内透视图。

6)将平面图中所用的符号、文字、尺寸标注好,其相应的准备工作就完成了。

（二）画图步骤

1.做出透视图中的基准网格

（1）如图3-2所示,在图纸的中央部分画出A墙面,墙面高、宽分别为2600mm、5000mm。其比例可根据图纸的大小自由选择,在A3的图纸上一般采用1:50的比例较合适。

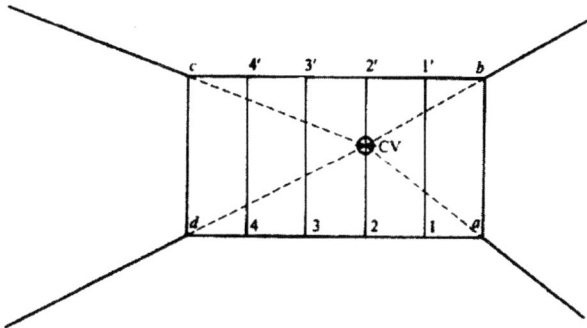

图3-2 一点透视画法（二）

（2）在画面中确定视心CV的高度,通常采用眼睛的高度1500mm左右最为合适。按照平面图中视点EP的位置来确定视心CV（即通过2点与d_3点的交点）,在透视图中22'上画出视心CV,并将CV分别与a、b、c、d各点相连接。

（3）如图3-3所示,将线段da向右延长,并在延长线上按照平面图相应测量出d_1、d_2、d_3各点的距离。

（4）如图3-4所示,分别通过视心CV和点d_3作水平线与垂直线,求出两线的交点,其该点为立点SP。

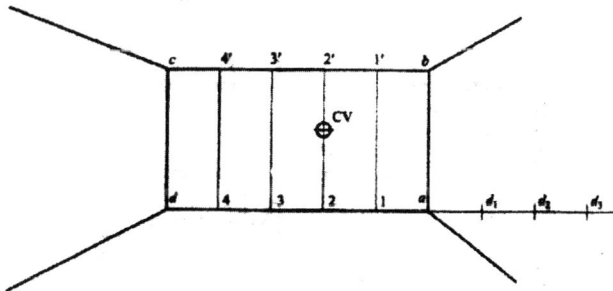

图3-3 一点透视画法（三）

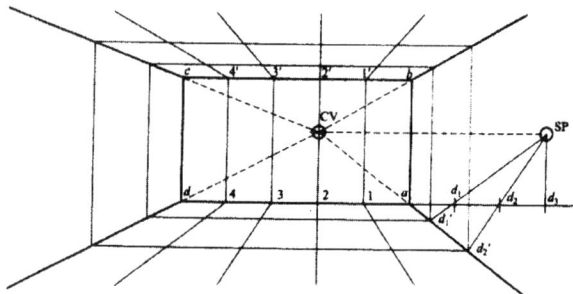

图3-4 一点透视画法（四）

（5）分别连接立点SP和d_1、d_2、d_3点并延长，求出交点d_1'、d_2'。

（6）分别通过点d_1'、d_2'作水平线和垂直线，以表现空间的进深，从而画出空间中的基准网格。

（7）将视心CV分别和地板、天花板上各点（1、2、3、4、1'、2'、3'、4'）连接并做放射线，将其基准网格全部画完。

2.画室内的窗户

（1）按照比例从ad线段向上测量出窗台高度1000mm与窗户高度1000mm，并按照平面图确定窗户的长度，如图3-5所示。

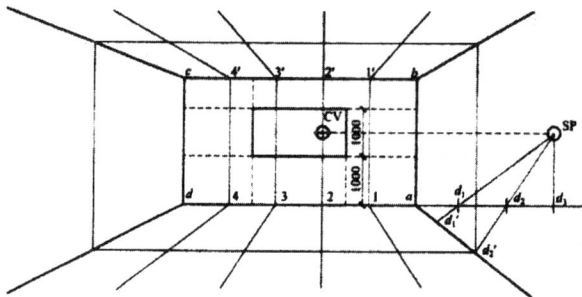

图3-5 一点透视画法（五）

（2）如图3-6所示，在确定窗户的进深400mm时，应按比例从a点向左侧量取400mm，得到a'并将交点a'立点SP连接，然后连接点以和视心CV，并与a'～SP交于一点a''，过a''水平线，找到3～4点的中点并与视心CV连接，交于4''分别将窗户四角边缘的点和CV的连线，得到四条透视线。通过4''做垂线，并与其中的一条透视线交于一点4'''，通过4'''做水平与垂直线，这样依次的进行连接，从而画出窗户的进深。

（3）最后，用粗线画出窗户所见的轮廓线，至此完成了（见图3-6）。

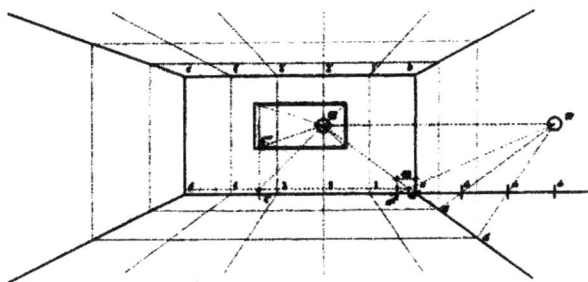

图3-6 一点透视画法（六）

3.画天花板中边棚部分（H=-100mm）

（1）从室内平面图中，我们可以看出ab点到1点与cd点到4点之间的部分就是天花板中的边棚部分，对应平面图的基准网格而找到透视图中的边棚基准网格的边缘并与视心CV相连，如图3-7所示。

（2）从c点和b点分别按照比例向下方量出100的高度，并将所得到的各点与视心CV连接。值得注意的一点是，在对空间中物体的高度进行测量时，必须在bcd平面内或在其延长线上进行量取，如图3-8所示。

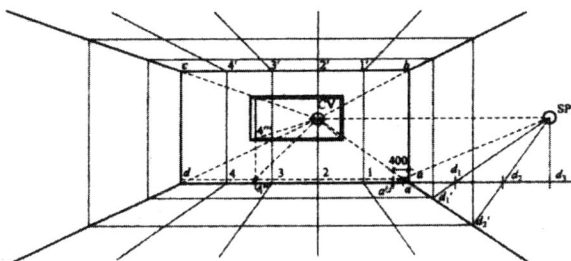

图3-7 一点透视画法（七）

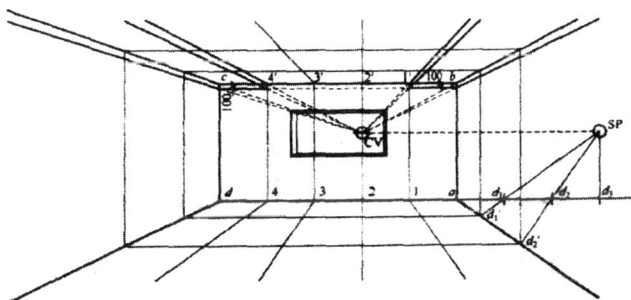

图3-8 一点透视画法（八）

（3）依据平面图中边棚的位置，到d_3结束，从而将透视图中边棚全部画出，如图3-9所示。

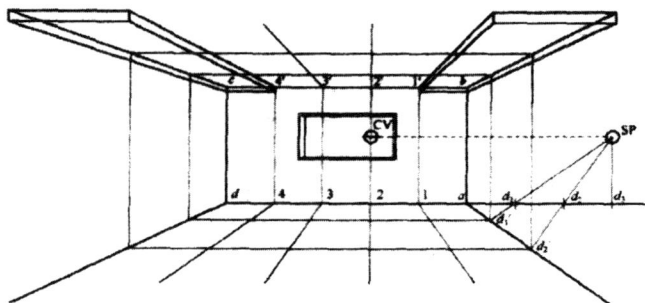

图3-9 一点透视画法（九）

（4）如图3-10所示，最后将可见的边棚线用粗线画出，将看不见的线用细线代替，至此完成了下面的图形。

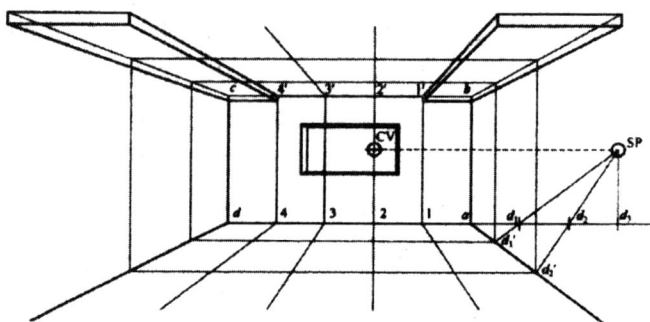

图3-10 一点透视画法（十）

4. 画地板上的物体

（以床为例，其尺寸为1800×2000×450）

将平面图上所有"物体"的位置分别平移在线$ab \sim cd$和$ab \sim d_3$线上，如图3-11所画的虚线。

（1）按照平面图中的基准网格将床所在位置的各个点分别与透视图中各点的位置相对应起来，如在平面图可以量出床宽1800mm所在的具体位置，然后把这个具体的位置放置到透视图中ad上，并从ad向上量取床高450mm。从而得到平面$efgh$与$ehji$，如图3-12所示。

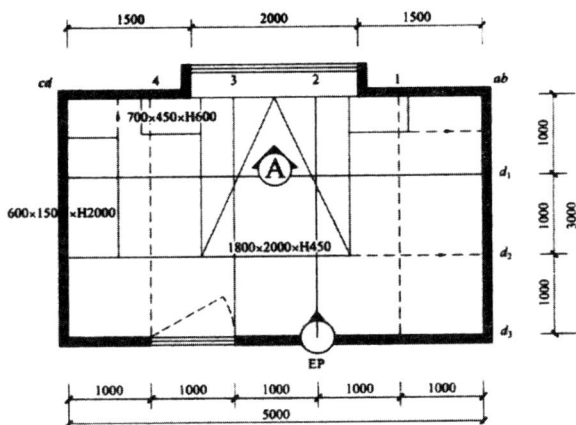

图3-11　一点透视画法（十一）

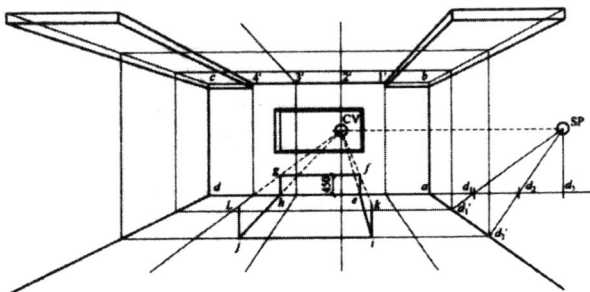

图3-12　一点透视画法（十二）

（2）分别通过点 g、f 视心 CV 相连，并作延长线。

（3）分别通过 j、i 点向上做垂线，并与 g、f 通过视心的连线交于 L、K 点。

（4）将所得到的各点用实线进行连接，此步骤将已画完物体（床）在空间中的透视效果，如图3-13所示。

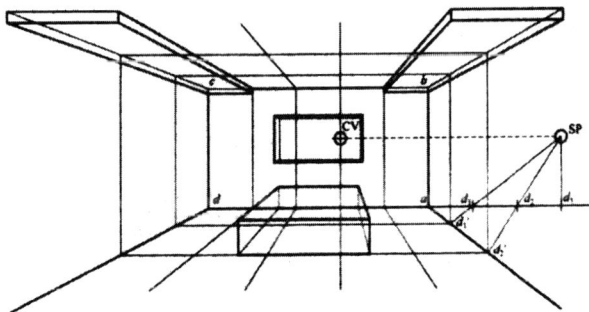

图3-13　一点透视画法（十三）

按照以上方法，依照平面图中物体所在的位置关系，将床头柜和衣柜表现在透视图中，其相关步骤如图3-14～图3-18所示。

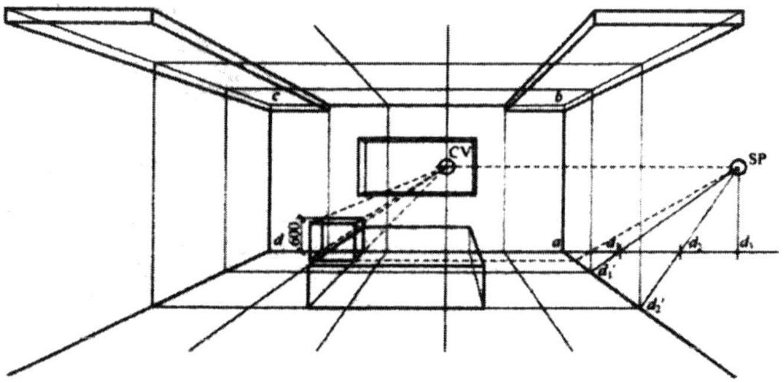

图3-14 一点透视画法（十四）

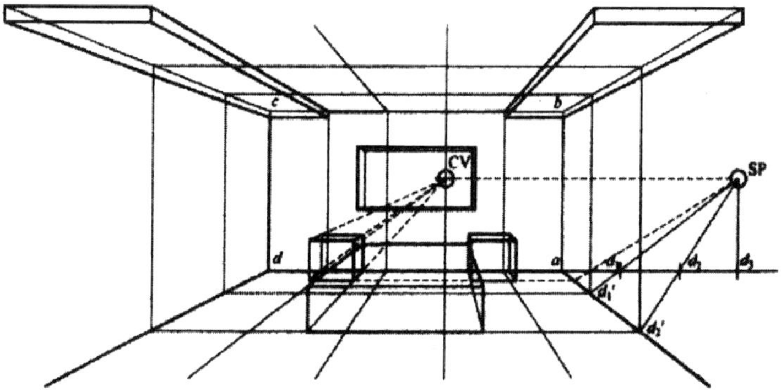

图3-15 一点透视画法（十五）

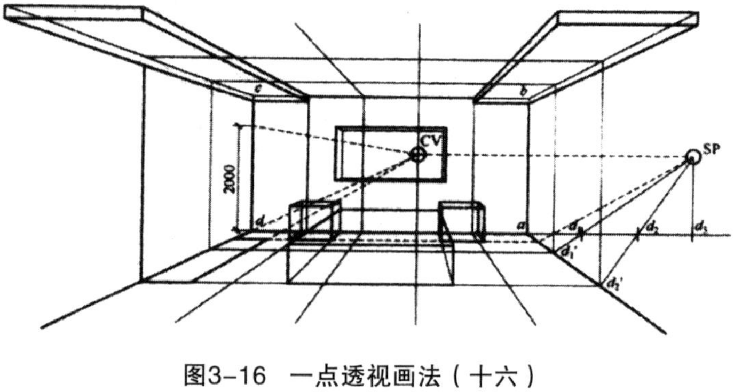

图3-16 一点透视画法（十六）

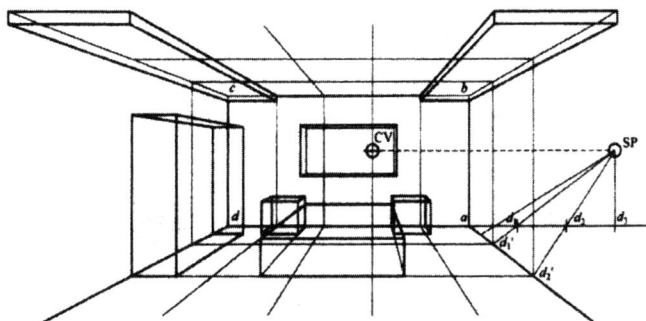

图3-17　一点透视画法（十七）

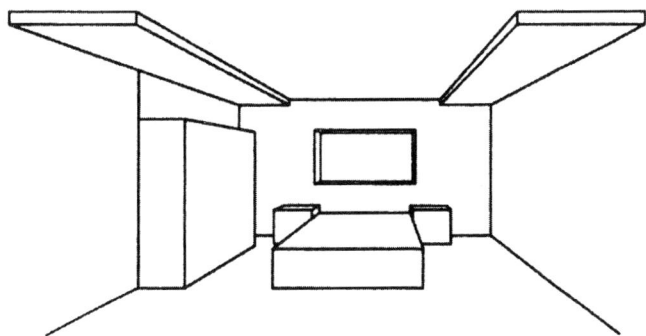

图3-18　一点透视画法（十八）

（三）总结一点透视作图要领

（1）按照一定的比例，绘制平面图中的网格，以平面图中所绘制的网格为基础来确定透视图中"物体"的位置、大小，当确定物体的进深时，一定要在$d \sim a$线段的延长线上进行测量。

（2）室内透视图的图面大小可根据图纸纸张的大小而自由地选取比例来进行画图，最常用的比例为1：50和1：30。

二、一点变两点透视画法

一点变两点透视画法又称"微角透视作图"法，空间或物体与画面形成微小夹角而形成的一种视觉图样。它具有一点透视中能够看见为五个界面的特点，同时也具有成角透视的特征，此画法是在一点透视基础上做的两点透视，把主墙面的一边向一个方向倾斜，从而得到倾斜的墙面，其两个消失点分别在视平线上的画面内侧和画面外侧。

（一）画图准备

（1）画出图3-19中由视点EP所见到A方向的室内透视图。

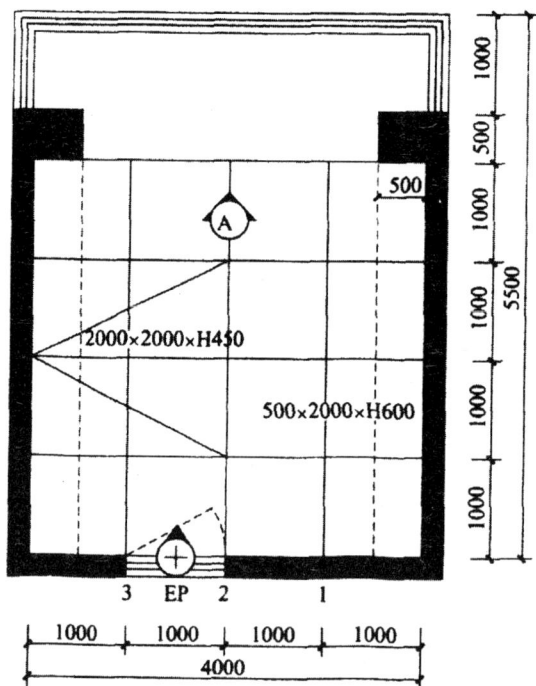

图3-19　一点变两点透视画法（一）

（2）练习题目的相关信息。

1）在平面图中按照1：50的比例绘制透视图中所用的基准网格，也就是图中相隔1000mm的垂直线与水平线。

2）画天花板两侧的边棚，其高度为-100mm，并用虚线表示边棚部分。

3）平面图中所包含的物体有：床，尺寸为1800×2000×450；电视柜，尺寸为500×2000×600。

4）将室内的天花板的高度定为2600mm，窗台高300mm，窗高2000mm，进深尺寸如图3-19所示所示。

5）视点EP位置可在平面图下方的任意地方，此画法将EP定位在距离左端cd点为1500mm的位置上。

6）将平面图中所用的符号、文字、尺寸标注好，其相应的准备工作就完成了。

（二）画图步骤

1. 做出透视图中的基准网格

（1）选用1∶50的比例，在A3图纸中央确立立面abcd，其abcd为空间中真实的高度与宽度，因此依据平面图，ad=4000mm、ab=2600mm，并以ad为底边向上量取1500mm高度的水平线为视平线HL，如图3-20所示。

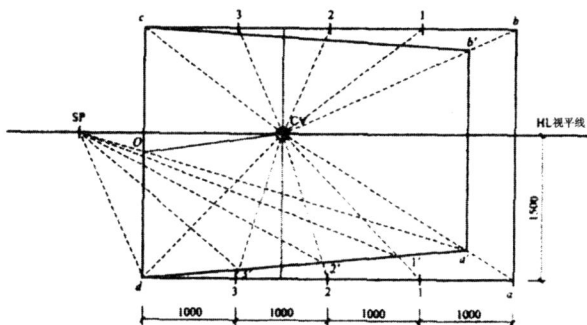

图3-20　一点变两点透视画法（二）

（2）做ab与bc的等分点，分别得到1、2、3点。从d点向右侧量取1500mm，并向上做垂线，与视平线HL交于一点，该点为视心点CV。

（3）定立点SP，其位置在cd线外，并在水平线HL的任意位置。

（4）量取cd的中点o，并与视心CV相连接。

（5）确定a'、b'，其a'b'的长度一般等于3/4的ab较合适，将a'、d，b'、c进行连接，从而得到新的倾斜墙面a'b'cd。

（6）分别将1、2、3点与CV相连接，与a'd相交于1'、2'、3'，再分别通过a'、1'、2'、3'、d与立点SP相连接，从而得到a'～SP与d～CV的交点d，也得到a'～SP与d～CV的交点m（m为图中所画室内地面的中点位置），如图3-21所示。

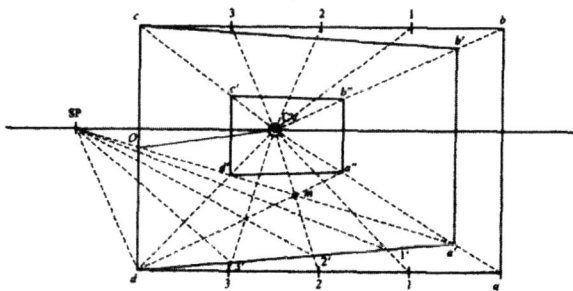

图3-21　一点变两点透视画法（三）

（7）连接d点与m点并延长与a'～CV交于一点为a''，通过以上步骤所得到的a''、d'分别向上做垂线，并交于b、c'。

（8）将空间中所得到的各点连接，从而画出一点斜透视的空间网格，如图3-22所示。

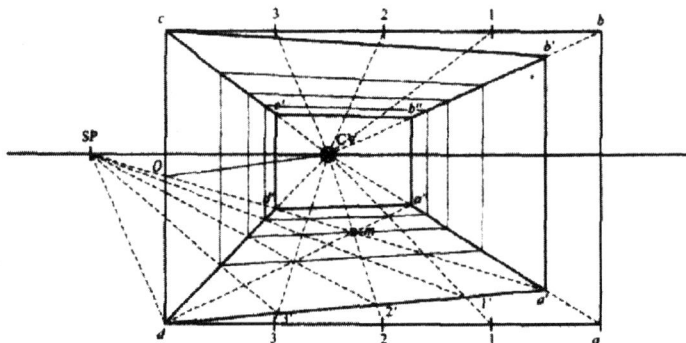

图3-22　一点变两点透视画法（四）

2. 画阳台及飘窗

（1）如平面图所示，阳台的进深为1500mm，在已画好的一点斜透视空间中，如果再想增加空间的进深感，可以通过中点O与CV的连线，并利用对角线的方法而达到增加进深的目的，如图3-23所示。

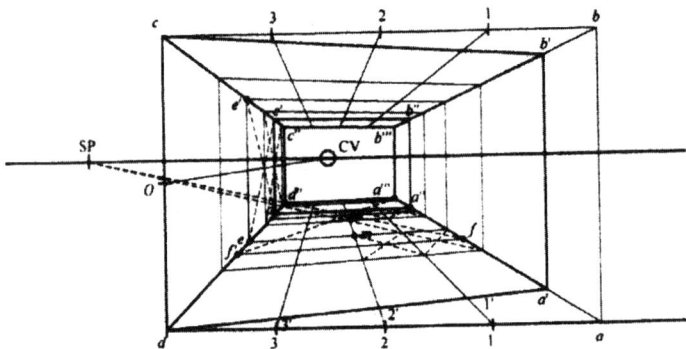

图3-23　一点变两点透视画法（五）

（2）分别连接对角线e、c'与e'、d'，并在O～CV上得到交点，利用连接对角线的方法而找到阳台的1500mm的进深点d''。

（3）利用地面上对角线的方式找到f与f'，连接m'与f'并延长，得到交点a'''。

（4）依次将所得到的阳台进深点连接而得到阳台的进深面$a'''b'''c''d''$，如图3-24所示。

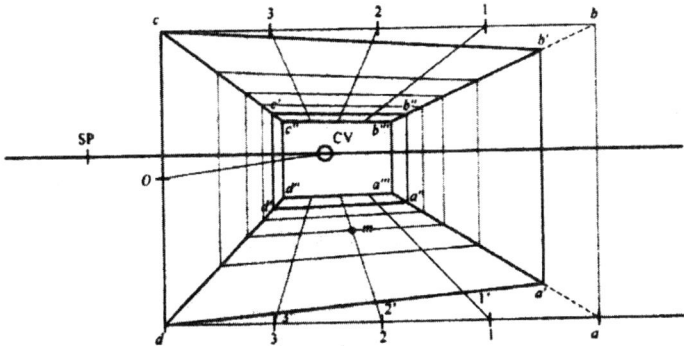

图3-24 一点变两点透视画法（六）

（5）以 a、d 点为基点，分别向上量取窗台高300mm，窗户高2000mm，并将所得到的高度点分别与视心CV相连接，从而画出飘窗的高度，如图3-25所示。

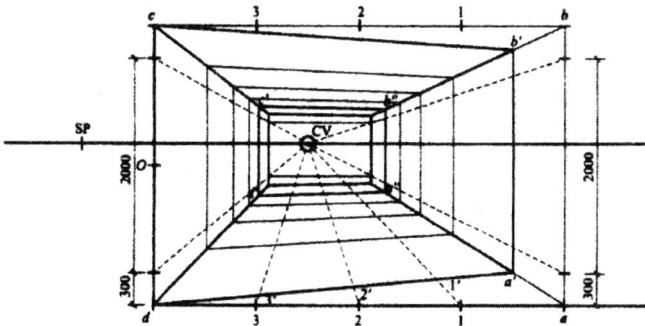

图3-25 一点变两点透视画法（七）

3. 画室内墙垛

（1）从平面图上可知墙垛的长、宽均为500mm。

（2）如图3-26所示，从a点向左量取500mm，得到g点，并将g点与视心CV相连接，与a''～d'交于点g'。

（3）由平面图可知，墙垛的边缘是以a''～d'为基准的，因此沿a''～d'并利用地面的对角线找到1000mm的位置，再通过对角线的交点找到墙垛进深500mm点g''，如图3-26所示。

（4）用步骤（3）中同样的方法在天棚面上找到墙垛进深500mm的点，再通过g'与g''分别向上做垂线，并以此连接所找的定位点，从而画出墙垛的长、宽、高。

（5）利用以上同样的方法画出左侧的墙垛，从而得到图3-27。

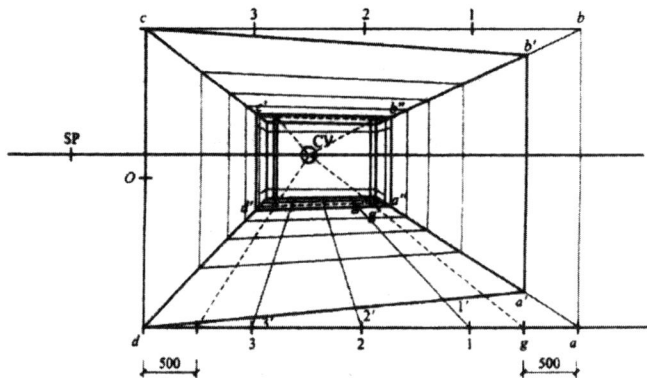

图3-26　一点变两点透视画法（八）

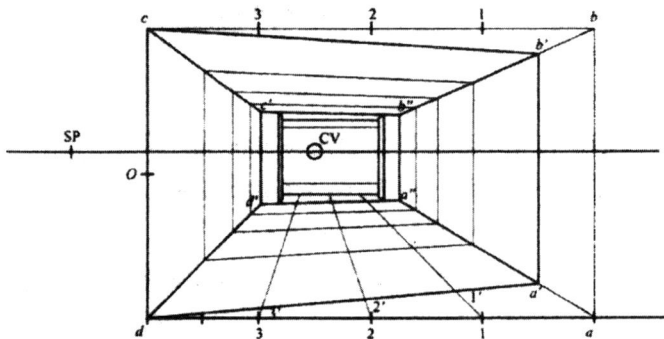

图3-27　一点变两点透视画法（九）

4. 画天花板中边棚部分（H=-100mm）

（1）从室内平面图中，我们可以看出边棚的宽度为500mm。因此在透视图中，分别从 b 点和 c 点向内侧量取500mm，得到 h 点和 i 点，并分别将 h 点和 i 点与视心 CV 相连接，从而找到透视图中边棚的边缘部分，如图3-28所示。

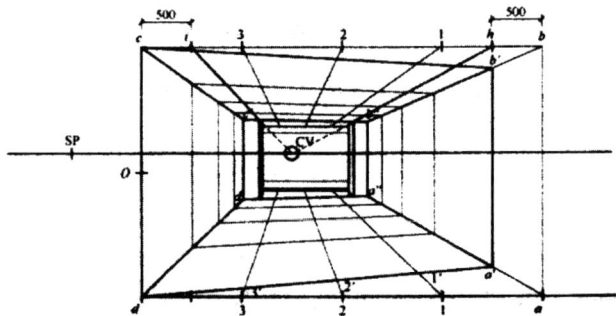

图3-28　一点变两点透视画法（十）

（2）如图3-29所示，从 c 点和 b 点分别按照比例向下方量取100mm的高度，并将所得到的高度点与视心CV连接。在 $a \sim b$ 上找到100mm的高度点，将 $a'b'$ 与 cd 上所得到的高度点进行连接。

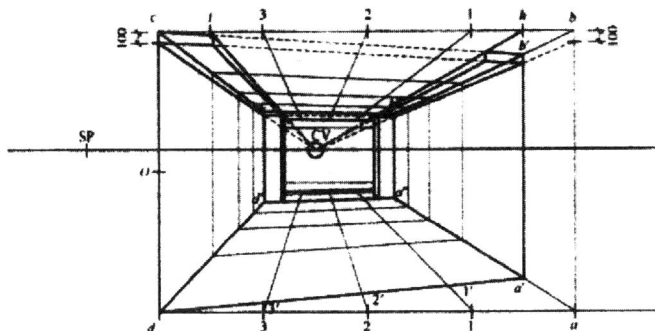

图3-29 一点变两点透视画法（十一）

（3）分别通过所得到的高度点与视心CV相连接，从而将透视图中边棚全部画出。

（4）如图3-30所示，最后将可见的边棚线用粗线画出，将看不见的线用细线代替，至此完成了所需图形。

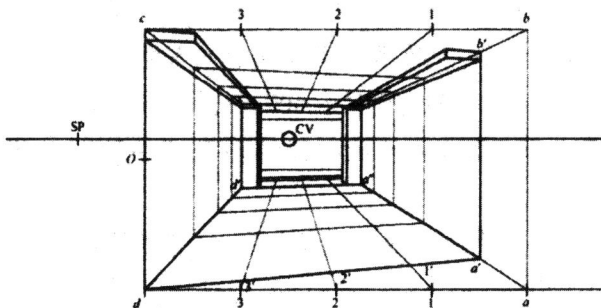

图3-30 一点变两点透视画法（十二）

5.画地板上的物体

（以床为例，其尺寸为2000×2000×450）

（1）依据平面图中床所在网格中的位置，在透视图中找出相应的位置为 $jj'kk'$，如图3-31所示。

（2）分别从 a 点、d 点向上量取床的高度450mm，将得到的高度点与视心CV相连，从而得到点 L、L'。

（3）连接点 L 与点 L'，也就是利用两边的高度来控制物体在空间中的横向透视线的方向。

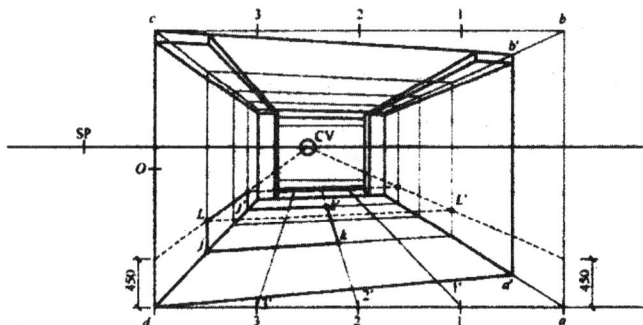

图3-31 一点变两点透视画法（十三）

（4）如图3-32所示，从 j、j'、k、k' 四点分别向上做垂线，与横向的透视线分别交于各点，最后将可见的物体的边轮廓用粗线画出，将看不见的线用细线代替，至此完成了下面的图形。

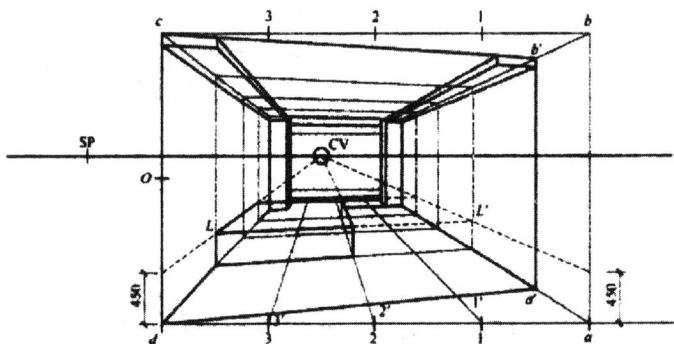

图3-32 一点变两点透视画法（十四）

按照以上方法，依照平面图中物体所在的位置关系，将电视柜表现在透视图中，其相关步骤如图3-33和图3-34所示。

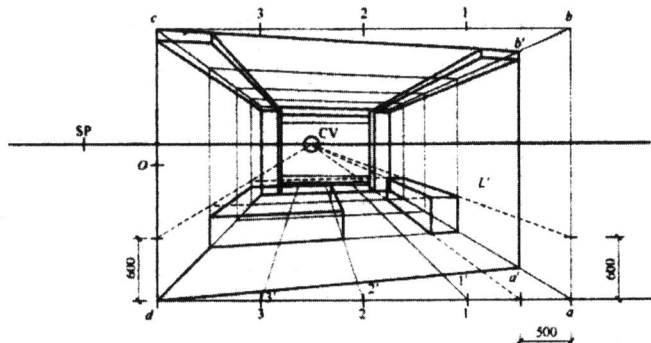

图3-33 一点变两点透视画法（十五）

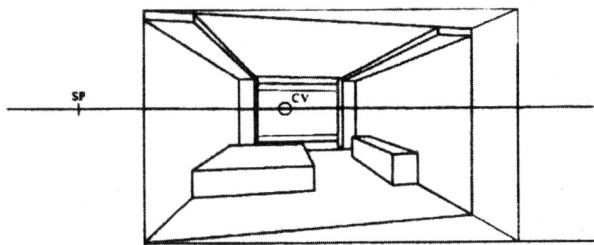

图3-34　一点变两点透视画法（十六）

（三）总结一点斜透视画法作图要领

（1）对于空间中物体的真实高度都要在*ab*与*cd*线上量取，并与视心CV相连，且利用两边的高度线来控制空间中横向透视线。

（2）对于空间中物体的真实宽度，一定要在*ab*或*cd*上截取。

第三节　环境艺术设计景观透视图的表现技法

本节关于环境艺术设计景观透视图的表现技法以建筑景观设计为代表。

建筑设计是一种对建筑空间的设计，建筑表现图必须表达出这种空间的设计效果，因此，建筑效果图必须建立在一种缜密的空间透视关系的基础之上，而透视学知识的运用是掌握建筑表现图技法的前提。现代制图学已经为我们提供了各种场景下的透视现象的制图方法，然而要在实践中能够融会贯通，以最简洁的方法求出特定的空间透视的轮廓，并非一日之功。

空间中相互平行的线条在与视线成非直角状态下，会汇聚到一点，这个点称为"灭点"；空间中相互平行的线条在与视线成直角状态下，会保持平行，换句话说，就是"无灭点"。随着视点与灭点的距离变化，会出现近大远小的现象。

建筑物一般多为三度空间的立方体，由于我们看它的角度不同，在建筑表现中常用的透视图一般有三种透视情况：一点透视、两点透视、三点透视。

一、一点透视图画法

当我们站在笔直的街道中央，平视街道远方，会发现所有平行于街道走向的线条都汇聚到远处的一个点，而所有与街道走向垂直的线条和垂直于地面的线条则保持相互的平行。这种情况下，由于只有一个灭点，所以称为"一点透视"，也称"平行透视"，这是最基本的透视作图方法，如图3-35所示。由于一点透视给人以稳定、平静的感受，适合表现建筑的庄重、肃穆的气氛，因此这种方法常常用于表现一些纪念性的建筑。

（一）画图准备

只需要一张项目的平面图和立面图就可以建立任何角度的一点透视图。

实例：构建一个长6000mm，宽3000mm，高3000mm建筑物的一点透视，观察者站在离建筑物9000mm远的地方，与建筑立面平行观察建筑。

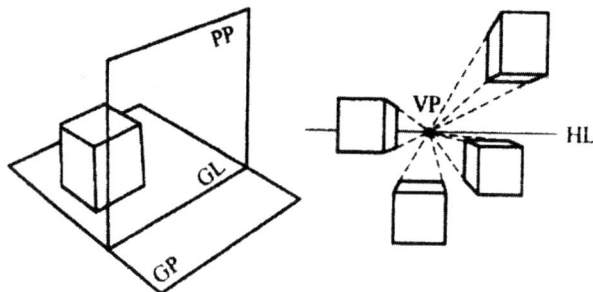

图3-35 一点透视示意图

（二）画图步骤

（1）用一条直线①代表显像面，将建筑平面平行放于显像面之上，这个角度形成的透视为一点透视，用相同的尺寸比例在下面离建筑角9000mm的地方定位测点SP（因为假设观察者离建筑角9000mm），如图3-36所示。

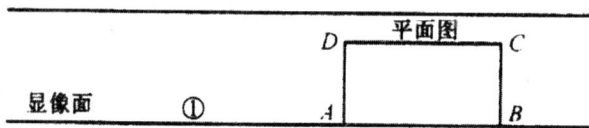

SP

图3-36 一点透视图画法（一）

（2）在任何需要的位置画出地面线（直线②），将建筑的正面图放置于其上，正面图和平面图的尺寸比例要一致，如图3-37所示。

（3）用同样的尺寸比例在地面线上15000mm处画出视平线（直线

③），再从测点向上做垂线（直线④）与视平线的交点就是视平线上的灭点 RVP，如图 3-38 所示。

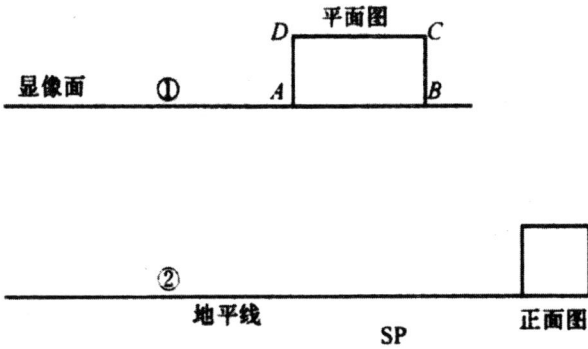

图3-37　一点透视图画法（二）

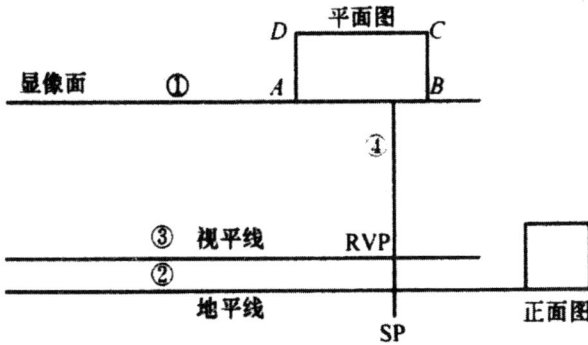

图3-38　一点透视图画法（三）

（4）从 A、B 两点向地面线作垂线（直线⑤、直线⑥），得 A'、B' 两点。从正面图向直线④投射，得到建筑的高度（直线⑦），交直线⑤、⑥于 D'、C'。过 A'、B'、C'、D' 分别向 RVP 引直线，如图3-39所示。

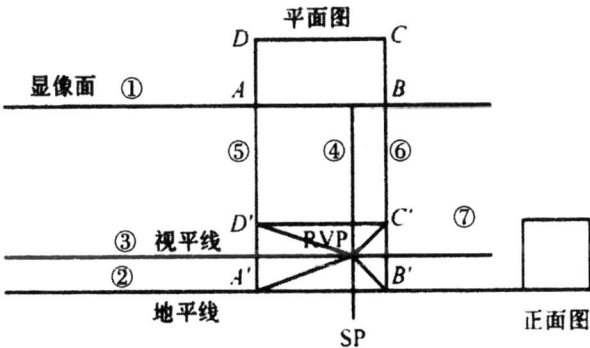

图3-39　一点透视图画法（四）

（5）分别过 C、D 两点向 SP 引直线交显像面于 E、F，过 E、F 点向视平线引垂线，连接垂线与各直线的交点，这样建筑的一点透视就完成了，如图3-40所示。

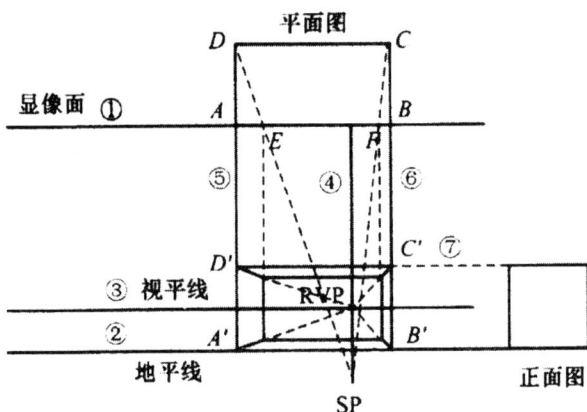

图3-40　一点透视图画法（五）

二、两点透视图画法

当我们站在街道的一侧，向街道的另一侧平视，会发现所有平行于街道走向的线条都汇聚到远处的一点，所有垂直于街道走向的线条则汇聚到另一点，而垂直于地面的线条则保持相互的平行，如图3-41所示。

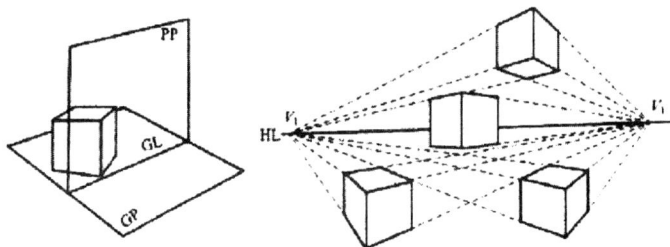

图3-41　两点透视示意图

这种情况下，由于有两个灭点，所以称为"两点透视"，也称"成角透视"。因两点透视能够比较自由活泼地反映出建筑物的正侧两个面，容易表现出建筑物的体积感，并能够具有较强的明暗对比效果，是一种具有较强表现力的透视形式，在建筑表现图中运用比较广泛。

（一）画图准备

只需要一张项目的平面图和立面图就可以建立任何角度的两点透视图。

实例：构建一个长16000mm，宽3000mm，高3000mm的建筑物的两点透视，观察者站在离建筑物9000mm远的地方，以30°或60°来观察建筑。

（二）画图步骤

（1）用一条直线①代表显像面，将建筑的平面图以30°或60°放置在显像面之上。这个角度是产生两点透视的最佳角度。用相同的尺寸比例在下面离建筑角9000mm的地方定位测点，如图3-42所示。

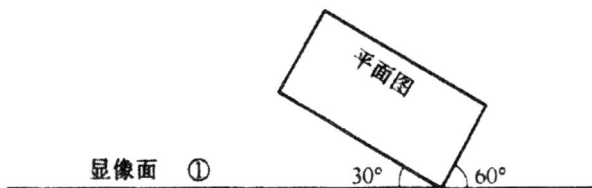

SP

图3-42 两点透视图画法（一）

（2）从测点做出直线②与建筑的右侧线平行，直线②与显像面的交点就是右侧灭点RVP。同理可以得到左侧的直线③和左侧灭点LVP，如图3-43所示。

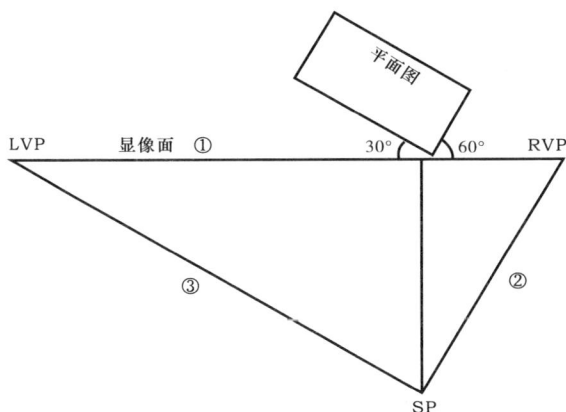

图3-43 两点透视图画法（二）

（3）利用直角尺，从测点向建筑的各个角投射直线④，与显像面的交点为G、H、L，如图3-44所示。

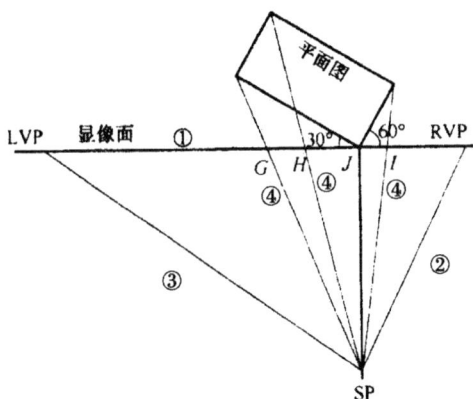

图3-44 两点透视图画法（三）

（4）在任何需要的位置画出地面线（直线⑤），将建筑的正面图放于其上；正面图和平面图的尺寸比例要一致，如图3-45所示。

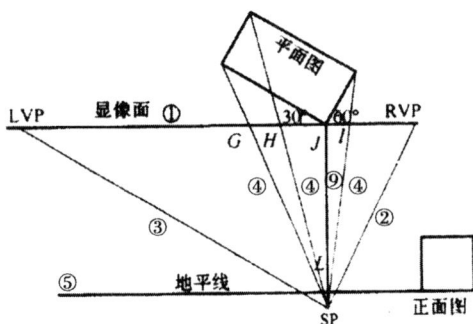

图3-45 两点透视图画法（四）

（5）用同样的比例尺寸在地面线上1500mm处画出视平线（直线⑥）。通过显像面的左右两个灭点向下做垂直线（直线⑦），与视平线的交点就是视平线上的两个灭点。从侧视图向直线⑨投射，得到建筑高度，并与直线JL相交于K点，如图3-46所示。

（6）将K和L两点分别与LVP和RVP连线（直线⑩），分别从G、H、I点向下垂直投影。这些直线（直线⑨）将与直线⑩相交于a、b、c、d。这样建筑的两点透视就完成了，如图3-47所示。

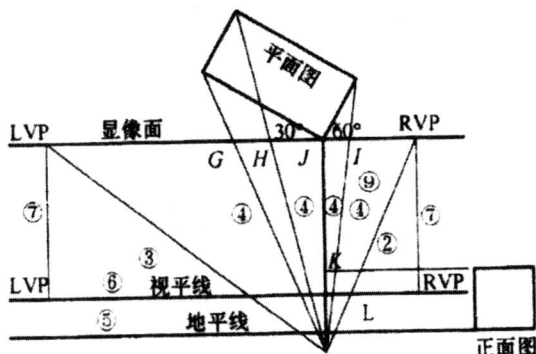

图3-46 两点透视图画法（五）

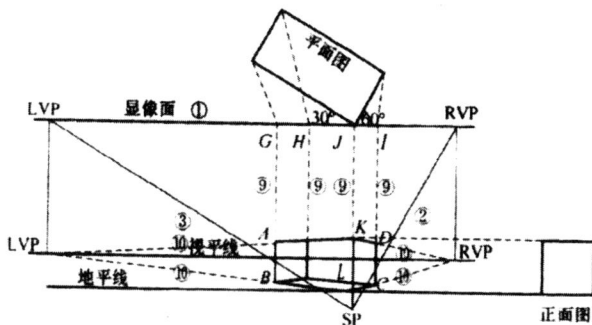

图3-47 两点透视图画法（六）

三、三点透视图画法

在街道一侧，向侧前方仰视街道对面的高楼，会发现高楼正面的水平线条都汇聚到远方的一个点，而侧面的水平线条都汇聚到远方的另一个点，高楼垂直于地面的线条则汇聚于天空中的一个点。

当我们身处高楼顶层向下面的侧前方俯视，会发现所有楼房正面的水平线条都汇聚到远方的一个点，侧面的水平线条都汇聚到远方的另一个点，而垂直于地面的线条则汇聚于地面以下的一个点。

这种情况下，由于有三个灭点，所以称为"三点透视"。这种透视方法具有强烈的透视感，特别适合表现那些体量硕大的建筑物。在表现高层建筑时，当建筑物的高度远远大于其长度和宽度时，宜采用三点透视法，如图3-48所示。

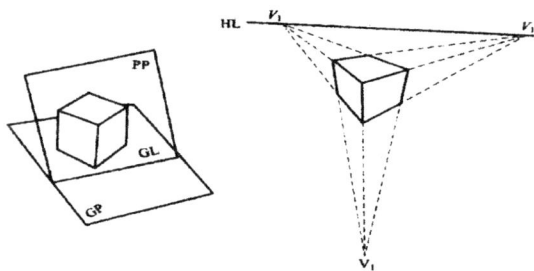

图3-48　三点透视示意图

此外，在表现城市规划和建筑群时常常采用把视点提高的方法来绘制，无论是一点透视、两点透视还是三点透视，如果是站在高处向下观察，所得到的画面一般称为"鸟瞰图"。

（一）画图准备

已知某建筑物平、立面，如图3-49所示。

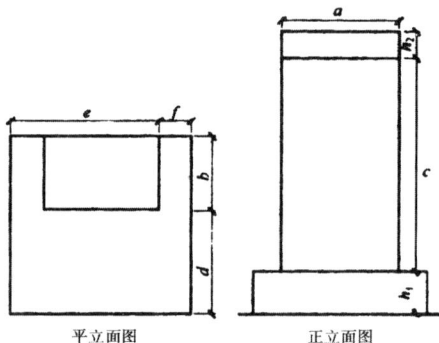

平立面图　　　　　正立面图

图3-49　三点透视图画法（一）

（二）画图步骤

（1）按基本作图法，设立三个灭点及M各点，做出o点，引出l、q线，在l、q线上，量取建筑物长oa、宽ob和高oc。由各实长端连向各自的M_1、M_2、M_3与透视线交得a'、b'、c'，并分别连向VP_1、VP_2及VP_3三个灭点，如图3-50所示。

（2）把以o为基点的l线平行下移，得到以o'为基点的l'线；在l线上取od长，过d向VP_3引画透视线，od实长则转移到l'线上得o'd'；连接d'和M_2与$VP_2 \sim o'$的反向延长线交于d''，则得出裙房前端的透视位置。

（3）oe、of的透视位置，也先移到l'上得到e'、f'，再利用量点得出e''和f''，裙房顶部的透视即可求得；在q线上取裙房高h_1，连h_1和M_3，在VP_3的透视线上取得裙房在o'点处的透视高度，再通过灭点求出整个裙房的透视。

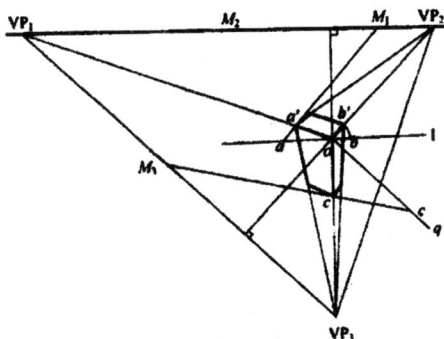

图3-50 三点透视图画法（二）

（4）在q线上反向取出顶部高度h₂，连h₂和M，在VP₃的透视线上取得转移的顶部高度即oh'，再通过透视线求出顶部其他透视位置，如图3-51所示。

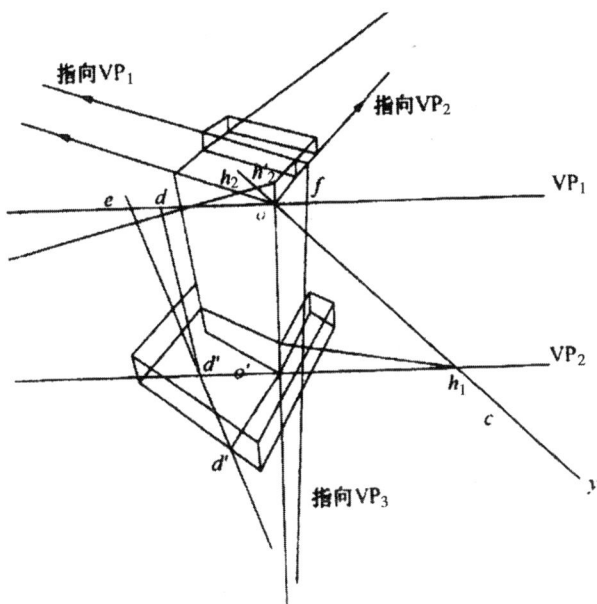

图3-51 三点透视图画法（三）

（5）反复用量点求透视位置点，向各灭点作透视线，擦去遮挡部分，至此完成（见图3-52）。

在满足不同需要的建筑表现图的绘制中，选择合适的透视方法和适当的视平线和视点，是成功的关键。另外，在作图过程中有意识地运用透视规律，突出重点，纠正错觉，都需要娴熟地运用透视作图方法。

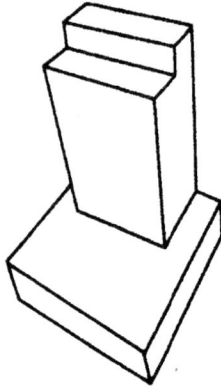

图3-52　三点透视图画法（四）

四、圆形透视画法

（1）在透视图中放置一个正方形ABCD。将BC和CD分别四等分，如图3-53所示，并将正方形分成16个相同的小正方形。

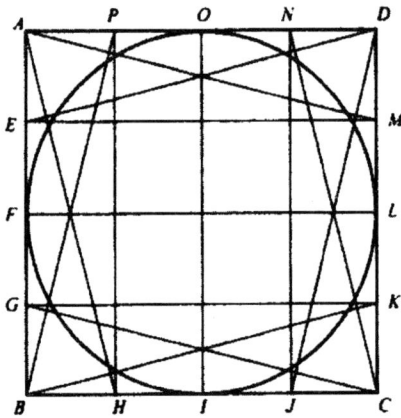

图3-53　三点透视图画法（五）

（2）作出线段AH和AM，用类似连接方法得到线DE和DJ、CN和CG、BK和BP。

（3）利用重复线技法，过点F、0、L、I，以及其他交叉点徒手绘出圆，如图3-54所示。

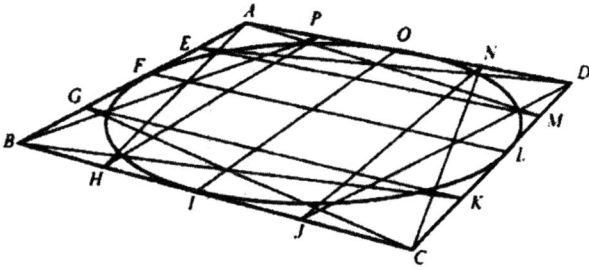

图3-54　图形透视画法

第四章　新时期室内空间艺术设计发展研究

室内空间设计在满足使用要求的基础上，还必须满足使用者的审美需求。空间美感的构成除了要符合形式美的规律，一方面，在构成形式上要有恰当的比例关系、适宜的空间尺度关系、符合人体工程学的家具设施设备位置关系等要素；另一方面，还必须在形式美的基础上创造空间的情境和意境，给人以更深层次的文化体验和空间感受。本章将论述与室内独立与关联空间的规划设计基础理论、室内空间立体布局与平面设计、室内立体空间人与设施的和谐审美观与环境心理、室内居住空间的设计方法与应用、室内公共空间的设计方法与应用以及探讨新时期室内立体空间多元素规划与设计的未来走向。

第一节　室内立体空间设计的基础理论

一、室内立体空间规划与设计的基础理论

室内立体空间设计是根据人们审美需求与实际使用价值将建筑内部空间进行规划布局，借助工程技术和科学技术的手段将空间打造成美观、协调、人与物和谐共处的优美家居环境。其最终目的就是综合运用技术手段，考虑周围环境因素的作用，充分利用有利条件，积极发挥创作思维，创造一个既符合生产和生活物质功能要求，又符合人们生理、心理要求的室内宜居环境。设计的过程也是创造美的过程，要勇于探索时代、技术赋予空间的新形象，不拘泥于过去既成的空间形象。同时要考虑空间体积、色彩、光影、装饰、陈设、绿化等方面的要求。室内设计的基本原则既要满足使用功能需求、精神功能需求、现代技术要求，又要符合地方特点和民族风格。

二、室内空间设计的特点

室内立体空间的规划与设计是一门多学科结合的综合性科学，它包含的范围非常广泛，不仅与自然美学、地理、历史、材料学、色彩学密切相关，更与人们的审美学、心理学、哲学等息息相关。因此它具有明显的特点，论述如下：

（一）室内立体空间设计的基础是以人的需求为根本

室内立体空间设计的最终目的是以健康、环保为导向，同时满足人们对精神生活和物质生活在家居方面的需求；对建筑所界定的内部空间进行二次处理，并以现有空间尺度、装潢艺术设计为基础重新进行划定；在不违反基本原则和人物布局合理原则之下，重新阐释尺度和比例关系，更好地对新空间的统一、对比和点面的有机衔接和谐统一，使人们在室内的人际沟通交流、休闲、工作与室内环境相一致，科学的感受室内环境对人们视觉、心理以及生理的影响。

（二）室内立体空间规划设计是工程材料技术与审美艺术的有机结合

随着人们生活水平的提高，人们开始以审美的眼光看待室内规划与设计。室内不仅是一个适宜居住的家居环境，更是一种具有审美价值的感官享受，室内立体空间的规划与设计既要符合功能需求也要有精神需求，在设计时以工程技术与艺术创新互相渗透结合，运用比较先进的工程材料、科学手段与美学观点打造一种令人愉快的立体空间美景。改革开放的进一步扩大、物质生活和精神生活追求的日益提高以及科学水平的不断进步，使人们的审美观与价值观发生了根本改变，对设计尤其是立体空间设计的发展起到了积极推动作用；新的工程材料、新的科学手段、新的工艺水平、新引进观念也为空间设计的变革提供了空前的设计元素与灵感。这为空间艺术的发展提供了快车道，创造出更具影响力和艺术表现力的室内空间，为改善人们的生活提供更多选择。

（三）室内空间设计始终站在时代前沿具有可持续性

从原始社会的石器时代到今天高科技不断涌现的现代化时代，人们的居住环境发生了巨大变化，室内设计文明的发展从无到有更体现出时代特色。室内空间设计的每一次进步从另一个侧面都能彰显时代的变革与进步，同时随着时代的前进也引起室内设计观念的变化和创新，这就使得室内设计一个显著特点就是它对由于时间的推移人们观念的进步而引起的室内功能的创新显得特别明显与敏感。旧事物的淘汰、新事物的出现导致新旧动能的转换，引起室内审美要求的改变，新装饰材料的变革、装饰艺术的进步、三维视觉的出现以及设计理念的创新无不促使着设计艺术更进一步影响时代生活。反过来，时代的进步也要求设计艺术符合时代发展的潮流，这就要求设计艺术变革要永远立于时代变化的潮头，从而要求从事这一行业的专业人员始终站在改革的前沿，努力创造出时代特色和地方内涵相结合、具有鲜明文化内涵的空间艺术形态。

三、具有时代特征的室内立体空间设计风格

室内设计风格是以不同的文化背景及不同的地域特色作依据，通过各种设计元素来营造一种特有的装饰风格。随着设计师根据市场规律总结而提出的轻装修重装饰的理念，风格的体现多在软件上来体现。从建筑风格衍生出多种室内设计风格，根据设计师和业主审美和爱好的不同，又有各种不同的幻化体，目前较为常见的有欧式古典风格、具有中国特色的中式风格、现代简约风格和田园风格，是室内设计的四种主要流行风格。

（一）欧式古典风格

欧式古典风格在空间上追求连续性，追求形体的变化和层次感。室内外色彩鲜艳，光影变化丰富。室内多用带有图案的壁纸、地毯、窗帘、床罩及帐幔以及古典式装饰画或物件；为体现华丽的风格，家具、门、窗多漆成白色，家具、画框的线条部位饰以金线、金边。古典风格是一种追求华丽、高雅的欧洲古典主义，典雅中透着高贵，深沉里显露豪华，具有很强的文化感受和历史内涵。在造型上根据建筑的外形设计并讲究左右对称，表现出古朴典雅、庄重、气势恢宏的特点。

欧式古典风格室内空间设计的代表性装饰式样与室内陈设有以下几种：

（1）由具有对称与重复效果的回字形装饰线条组成的装饰面板。

（2）带有纹理的、精致的磨光大理石和大理石线条。

（3）带有连续装饰纹样的白色石膏线条。

（4）带有各种装饰图案的石头马赛克。

（5）以卷形草叶和漩涡形曲线为主的精美绣花墙纸和地毯。

（6）室内家具与陈设由水晶、珠宝、黄金、青铜等材料加以精美的手工制作而成，从而显得雍容典雅。

（7）窗帘采用多褶皱的水波形，吊灯是非常豪华的艺术造型。

（二）具有中国特色的中式风格

具有中国特色的中式风格室内立体空间设计以我国的传统文化为基础，将国画、书画及明清家具作为中式设计的最主要元素，有着明显的民族特色。中式风格的室内家具和门窗装饰多以木材为主，追求布局合理、

匀称、均衡，自然有序，与周边环境有机结合，协调、浑然一体，反应出我国悠久历史传承的设计审美崇高理念，同时追求自然和谐、返璞归真的思想。

从造型样式上可以看出中式风格的图案具有儒雅与端庄大气的特点，其代表性装饰式样与室内陈设有以下几种。

（1）室内墙体的装饰造型常采用对称式布局，显得庄重、大方、儒雅；方与圆的造型呼应也是中式风格的特色之一，如圆形餐厅吊顶与方形餐桌的天圆地方呼应，外方内圆的雕花罩门、博古架等。

（2）中国传统室内装饰构件也是中式风格常用的造型元素，如冰花窗格、斗拱、石鼓、圆柱、藻井等。

（3）中式风格的室内空间色彩常以褐色、黄色和大红色为主调，以蓝青色、蓝绿色为辅调，给人以沉稳、朴素、宁静、优雅的感觉。

（4）墙面的装饰以象征中华文明的传统装饰物为主，如对联、刺绣、古代服装、手工饰品等，墙上挂一幅中国山水画等，书房里自然少不了书柜、书案以及文房四宝。中式风格的客厅具有内敛的风格，颜色体现着中式的古朴典雅，中式风格这种表现使整个空间融入古典元素。这样以一种东方人的"留白"美学观念控制的节奏，显出大家风范，墙壁上的字画无论数量还是内容都不在多，而在于它所营造的意境。

（5）中式风格的代表是中国明清古典传统家具及中式园林建筑、色彩的设计造型，特点是对称、简约、朴素、格调雅致、文化内涵丰富。中式风格家居体现主人的较高审美情趣和浓厚的传统色彩，如太师椅、炕桌、丝绸以及"福""禄""寿""喜"等传统图案的应用体现出典雅的中式古朴文化底蕴。

（6）室内多采用对称式的布局方式，格调高雅，造型简朴优美，色彩浓重而成熟。中国传统室内陈设包括字画、匾幅、挂屏、盆景、瓷器、古玩、博古架、屏风等，追求一种修身养性的生活境界。中国传统室内装饰艺术的特点是总体布局对称均衡、端正稳健，而在装饰细节上崇尚自然情趣，花鸟、鱼虫等精雕细琢，富于变化，充分体现出中国传统美学精神。

室内空间设计把握现代中式风格、体现中国传统元素还与设计师的文化修养和设计水平息息相关，需要对传统文化的理解和对当代社会的时尚元素高度敏感，并使之相得益彰、水乳交融，创造出一种既具有功能实用性又体现舒适美感的和谐、宜居、宁静而含蓄的典雅意境。

（三）现代简约风格

20世纪在欧洲现代简约主义开始形成，打破了原有的传统思维，重视空间组织的实用价值，注重突出空间自身的表现美，使其简洁、美观、构造工艺合理，充分发挥工程材料特点，在材料质地与设计之间需求平衡，在设计和规模化工业化之间发生联系。将技术融入艺术中去，使其具有目标性、规律性、服务性，因此又称功能主义。现代简约风格在处理空间方面一般强调室内空间宽敞、内外通透，在空间平面设计中追求不受承重墙限制的自由。墙面、地面、顶棚以及家具陈设乃至灯具器皿等均以简洁的造型、纯洁的质地、精细的工艺为其特征。并且尽可能不用装饰和取消多余的东西，认为任何复杂的设计，没有实用价值的特殊部件及任何装饰都会增加建筑造价，强调形式应更多地服务于功能。其风格的主要内容是既具有简洁而美观的形式又达到成本低廉从而形成造价低但空间简单、纯净、朴素的特色。从其内部空间设计的装饰性式样的代表性和空间陈设布局方面可以分为下面几种：

（1）室内空间立体结构大部分采用简洁的、规则的几何图形，如方形、圆形等，突出实用功能主义，采用简单色彩如灰色、白色等中性颜色，以流动性的设计思想突出规划空间的使用价值，不提倡对空间进行装饰过度。

（2）强调室内空间形态和构件的单一性、抽象性，追求材料、技术和空间表现的精确度。常运用几何造型要素（如点、线、面、体块等）来对家具和立面造型进行设计组合，从而让人感受到简洁明快的时代感和现代抽象的美感。

（3）常采用玻璃、浅色石材、不锈钢等光洁、明亮的材料。家具与灯饰崇尚设计意念，造型简洁，讲究人体工学。

（4）为了在室内打造一种视觉冲击力，往往采用简单、抽象、朴素的色彩，以突出功能主义的价值观。

（四）更具特色的田园风格

田园风格的设计可以让人无形中进入一种安静、自然、清新、舒畅的优美环境，可以让人在每天工作之余，紧张、疲惫的身心得以完全放松。现代田园风格室内设计常采用木质材料、竹制材料、石材、原木等天然性材料，在设计风格上和地域特色相结合，突出原料本身的自然属性，使空间既具有浓厚的乡土气息，又强调空间整体效果淡雅朴素，真正打造一种舒适的人文与自然融为一体的现代化田园式空间。

田园风格室内空间设计的代表性装饰式样与室内陈设有以下几种：

（1）空间形式自由，造型样式粗犷、质朴、大气，采用仿生的设计原理，常将自然界的植物和动物转换成造型样式，反对精致、细腻的装饰。

（2）通过采用古朴的木质家具、自然柔和的灯具、藤制的工艺品以及天然色彩的编织物打造一种符合地方特色，古朴、典雅，兼具民族风情的视觉感受。

（3）注意吸收传统历史文化积淀并融入适当的当代文明元素，既符合时代发展背景又体现当地风土人情，从历史和现实中、从地域特点中发掘本质汲取营养。

第二节　室内空间组织和界面设计

一、室内空间的组织

室内空间的组织，就是将各个分散的空间单体，按照一定的功能顺序、场地的实际条件，用一定的组合方法和艺术构成原理组织为一个整体，实现功能性、艺术性、经济性、自然性、生活性的统一。空间的组织方法有以下几种。

（一）单元组合法

单元组合法是一种重复式的分节秩序组织群体空间的一种方法，常用于住宅楼、教室、工厂、医院、旅馆等具有重复单元的建筑，是一种最古老最简便的组合方法。

（二）几何组合法

运用数学几何的图形重复与交错分割组织空间的一种方法，形成有主有次、变化统一的和谐空间。

（三）裁型组合

围绕一条主线路分布子空间，各组合单元由于功能或审美方面的要求，先后关系明确，相互连接成一个空间序列，故也称序列组合。适用于分支较多，各建筑单元之间又有纵横联系的群体空间。这些空间可以逐个直接连接，也可以由一条联系纽带将各个分支全部连结起来，即所谓的"脊椎式"。前者适用于人们必须依次通过各部分空间的建筑，其组合形式也必然形成序列，如展览馆、纪念馆、陈列馆等。中国古代的宫殿建筑群为了创建威严的气氛，设计了结构完整、高潮迭起的空间序列。后者由于分支较多、分支内部又较复杂的建筑空间，如综合医院、大型火车站、航空港等。该组合方式具有很强的适应性，易配合各种场地情况，线形可直可曲还可以转折。

（四）中心辐射组合

由一个中央空间和若干向外辐射扩展的线形空间组合而成。这些线形空间的形态、结构、功能有相同的，也有不同的，其长度也可长可短，以适应不同地形的变化，这种空间组合方式常用于大型监狱、大型办公群体、山地旅馆等建筑。

辐射组合还有一个特殊的变体——风车组合，组合方式是其线形臂膀沿着正方形或其他规则形状的中央空间的各边向外延伸，形成一个好似风车的动态图案。风车组合在别墅建筑中经常出现，其他建筑也有运用。

（五）N式组合

利用辅助网格将独立的功能单元连接为一个整体，构成类似于蜂窝的结构。由于网格由重复的空间单元构成，因而可以进行增加、削减、层叠，而网格的同一性保持不变。可以用来较好地适应地形、限定入口等。按照这种方式组合的空间有规则性、连续性的特点，而且结构标准化、构件种类少、受力均衡，建筑空间的轮廓规整而又富于变化，组合容易、适应性强，被广泛应用于各类建筑。

（六）划线式组合

沿着一条轴线用对称均衡的方式组织群体空间，轴线串联若干视焦点，并使两侧空间与轴线发生借、对、漏、透的空间效应，形成一种节奏感。一个室内空间体系可有一条或多条轴线，多条轴线有主有次、层次分明。轴线可以起到引导行为的作用，使空间序列更趋向于秩序性，在空间视觉效果上也呈现出一个连续的景观线。

（七）集中式组合

集中式组合是一种稳定的向心式构图，它由一定数量的次要空间围绕一个大的占主导地位的中心空间构成。处于中心的统一空间一般为规则的几何形状，在尺寸上要大到足以将次要空间集结在其周围；次要空间的功能、体量可以完全相同。形成中心对称的形式，也可以不同，以适应功能、场地环境的不同需要。一般来说，由于集中式组合本身没有方向性，其引导部分多设于某个次要空间。这种组合方式适用于体育馆、大剧院、大型仓库等以大空间为主的建筑。

（八）组团式组合

把空间划分成几个组团，用交通空间将各组团联系在一起，形成组团式组合。组团内部功能相近或联系紧密，组团与组团之间关系松散；或者各个组团是完全类似的，为了避免聚集在一起体量过大而将之划分为几个组团，这些组团具有共同的形态特征。组团之间的组合方式可以是某种几何概念，如对称或呈三角形等。这种组合方式常用在一些疗养院、幼儿园、医院、文化馆、图书馆等建筑。

二、室内空间组织的原则

空间的组织，是室内空间设计方案阶段中十分重要的一项工作。可以说，方案的好坏，关键在此。室内空间组织的原则有以下几个方面。

（一）简洁性

这是设计的一条基本法则，即在满足基本功能和基本要求前提下，应力求简洁，防止繁复。简洁具有较高的清晰度，脉络明确，可识别性强，路径通畅。工艺管线的距离最短，正如伊萨克·牛顿所说："自然决不作徒劳的事情，它每多作一件徒劳的事情，就意味着它少供应一些东西。因此自然满意简化，不喜欢奢侈和浮华"。

（二）秩序性

室内空间的结构，应符合人的行为规律，具有从一个空间到另一个空间的顺利过渡，有良好的导向性和指向性，主次分明，没有不必要的迂回，形成空间的条理性、有序性。秩序性是与杂乱性相对应的，是表现空间结构布局的章法，要达到有条不紊，井然有序。常依靠一些对秩序性有控制作用的限定要素来组构建筑空间。

（三）有机性

有机性是指各空间之间，既有相对的独立性，又有相互联系性，存在着相互结合、相互依存的关系。例如，功能与形式、路径与场所、中心与外围、主干与支脉、流通与停顿、分区与总体等存在一种有机联系的关系，建筑空间的结构如同有机体的生命一样，形成一个有机和谐的整体。

三、空间界面的处理

空间是由不同界面围合而成的，界面的处理对空间效果具有很强的影响。室内空间的顶面、墙面和地面构成了空间感受的具体对象，同样大小、同样形体的室内空间，由于以上界面的不同处理，会产生迥然不同的视觉空间效果。通过空间界面的精心处理能使室内空间扬长避短。例如：在有自然采光的空间中，就应充分发挥光影的特殊效果，墙面处理则以"素净"为主；暴露建筑结构能展示受力特征及高技之美；在层高较低的室内中，顶棚不宜选用藻井、石膏花饰之类，应致力于简约和精致，否则易产生压抑感和视觉疲劳。概而言之，应将空间界面的材料形态与构成上的利弊分析联系起来统筹考虑，注意整体形式的部分与部分之间，或部分与主体之间的完美关系。空间要素的大小、长短、厚薄、粗细、轻重、浓淡等在空间整体形式中，只要搭配恰当、组合合理，均能取得宜人的空间效果。

室内的平面（垂直面、斜面）和曲面（自由曲面、几何曲面）决定了界面的表情。曲面具有动感及很深的亲近感，温和、柔软。在曲面中，自由曲面因其性格奔放，表现出丰富的感情；而几何曲面具有理智的表情。平面具有直截了当的表情，单纯而坚定。平面之中，斜面由于有运动的倾向，具有不安定的表情，更容易表现出较强烈的效果。墙体与地板的艺术处理使空间动了起来。

（一）顶界面

顶界面对空间形态的影响非常大，例如同样是矩形平面的空间，平顶和拱顶的区别使得空间形态完全不同。在设计中可以通过采用特殊的天花形式取得新颖的空间效果，也可以在顶面上开天窗来增加空间的明亮感，还可以通过天花板肌理和灯具的处理增加导向感和透视感等。对天花的处理，在条件允许的情况下应该与结构巧妙结合，中国古代传统的"彻上明造"就是将梁架透明，在上面做藻井等。充分利用结构构件起装饰作用。近现代建筑空间所运用的新型结构形式，有的很轻巧美观，有的结构件所组成的图案具有极强的韵律感，这样的结构如果加以恰当利用，都可以成为非常美观的天花，产生悦目的空间效果。例如，井字梁结构就非常具有韵律感，在梁架形成的空格间布置灯具或天窗，效果都很好；现代空间网架结构更是在大空间中频繁应用，形式也非常美观。

（二）侧界面

空间的侧界面以垂直的方式对空间进行围合，对空间效果来说至关重要。侧界面的状态直接影响到空间的围透关系，四面皆壁的封闭空间让人觉得阻塞、沉闷；四面皆透则空间开敞，给人以舒畅明快的感觉。但在空间中，围与透应该是相辅相成的。只围不透的空间诚然会使人感到憋闷，只透不围尽管开敞，内部空间的特征却不强了，很难满足应有的使用功能。因此，空间设计要把握围与透的皮，根据具体使用性质来确定是围还是透。为了营造神秘、封闭、光线幽暗的气氛，应该尽量以围为主——电影院的观众厅因需要在黑暗中放映，更应该采取封闭的闭合措施。由于通透的部分视线可以穿过，而封闭的部分阻挡了视线，因而可以利用围和透的界面组合，产生空间引导的作用。

空间侧界面上的门窗洞口的组织在建筑空间设计中也很重要，处理不当会破坏空间效果。要处理好实际面与门窗洞口的组织之间虚与实的关系，二者应该有主有次，或者以实为主，实中有虚；或者以虚为主，虚中有实，要尽量避免两个部分对等的现象出现。门窗洞口一般还要使用正常的尺度，其尺寸过大或过小都会破坏整个空间的尺度感。

墙壁以垂线的形式构成凹凸状，风格奔放流畅；直线构成的矩形和斜线构成的平行四边形结合的界面，既稳定、安定，又显示出高洁与希望。所以，设计应着力于恰当而有效地发挥各个界面本身所具有的视觉感受因素，即肌理、色彩、轻重、明暗、虚实等艺术造型因素，以空间艺术构成的手法，去确定各空间界面的材料与具体做法。

（三）界面的交接处理

应格外注意空间各界面如顶棚与墙面、墙面与地面等之间的交接关系。当今，墙面与地面等之间的交接关系大多趋向于简洁干净，过渡线脚之类逐渐不再采用，为减少室内方正空间盒状感觉，常运用转角窗、转角壁龛、弧状隔断或采用镜面玻璃等消除界定，减弱方正，使方正"变形"等处理手法。

地面处理对整体空间效果的影响程度虽然不及天花、墙面，但如果处理得当会起到意想不到的效果。

（四）子空间的界面处理

子空间的顶界面往往有别于母空间顶棚处理，如局部压低吊顶标高而进行不同造型特征的处理，如建造"屋顶""檐口""房屋框架""伞罩"或"幕罩"等，形式多样。限定不同子空间的底界面有时也故意区别于母空间，在母空间中通过地面标高和变化地面材料来分割厅堂，如抬高或降低子空间的地面标高，创造一种独特的视觉空间效果。

母空间中子空间大多为开放式的空间构成关系。因此。子空间组群的侧界面设计应着力于围、借、引申、虚拟等空间的形象与序列层次及互为因借的关系处理，因穿插、透漏、交融和似隔非隔、隔而不断而形成美景深境，并兼顾人们直视、坐视时的空间感觉。

界面具有层次性与变化性，要设计的界面很少是平板一块，往往由于空间上的相互邻接，地势上的高下相倾，组合上的长短相形，功能上的相互分隔，使空间的相邻界面出现一些层次性的变化，只能因势利导，运用平直、曲折、升、降、倾斜、断续、收放、错位、重叠、悬挑、旋转、环绕、迂回等多种形式处理，但都应在符合使用要求的同时注意视觉的审美特性。

利用界面的处理能产生一定的导向性，通过天花、墙面或地面处理，会形成一种具有强烈方向性、连续性的图案，有意识地利用这种处理手法，将有助于把人流引导至某个确定的目标。例如天花上的带状灯具、地面上铺砌的纵向图案，墙面上水平线条等都产生很强的透视感，给人流指示出前进的方向。

四、室内空间的调节

室内空间的调节是指对空间的尺度感、通透程度、变化层次、趣味性及使用者的心理感受等多方面因素的调整，是创造有个性空间的必要条件。其方法有：

（一）实质调节

实质调节就是指通过对实际物质环境的改造，使之既符合使用要求，又满足审美需要，而且还有良好的造型效果。

（1）隔断的设置。例如某大学食堂，原来在很大的空间中均布着餐座，整个空间没有任何特色而言，学生在此匆匆就餐完毕即离去，毫无所谓的空间感受。该食堂经过改造后，不仅界面进行了装饰，而且中间增加了许多绿化的半隔断，形成了很多具有良好边界效应的小空间，学生们就餐之余还经常驻留片刻，整个空间取得了较好的效果。

（2）空间形状的改变。改变空间的形状以实现特定的目的。不同的几何形状具有不同的特性，长方形的长宽比达到一定数值，就会产生较强的方向感，而圆形只有向心性而没有什么方向感。因此具有引导作用的过渡空间不宜设计成圆形平面，而某个供人长时间驻留的大空间比较适合采用圆形平面。

（3）空间界面的处理。例如很多现代旅馆建筑的巨大雨篷，就使得入口处的空间具有更多室内的特征，产生"宾至如归"的感觉；将空间的顶界面做成完全通达的形式，开大面积的天窗；为了将室外的美景引入室内，把外墙做成透明的大玻璃；在某些娱乐性建筑中，在天花下面垂吊些织物，形成曲线的造型。

（4）结构构件的处理。空间中的结构构件，对空间效果会产生积极与消极两方面的作用，因势利导地对构件巧妙运用会获得意想不到的效果。

（5）装饰性构架的运用。室内空间也常常应用一些装饰构架，如结合横梁设置突出于天花、墙面的构架，并形成一定韵律，使空间极鲜明。

（6）家具的运用。如在小面积住宅中，拆除原有墙体，利用家具来分隔空间，缓解空间的拥挤感觉。

（7）灯具的运用。线形排列的灯具有空间指引感，引导人的行走；造型别致的灯具有装饰性，烘托空间的气氛。

（8）陈设品的运用。运用有特色的陈设品点缀、活跃空间。

（9）绿化的运用。绿化是建筑空间中一个非常活跃的因素，它对改善空间感觉、加强情趣感和提高舒适感等方面都有很强的调节作用。

（10）水体的运用。内部空间中，水体的设置能够获得怡人的自然气息，创造优美的空间环境，而且可以丰富空间层次、扩大空间感。

（二）非实质性调节

（1）色彩的运用。由于色彩本身性质而引起的进退感、膨胀感与收缩感，对空间的面积和体积具有调整作用，因此如果建筑空间出现过大或过小、过高或过矮等现象时，都可以用色彩进行适度的调节。

（2）材质的运用。不同的建筑材料会产生不同的质感，诸如光滑与粗糙、软与硬、冷与暖的对比，从而侧面柔化空间效果，平添了许多生气。

（3）造型、图案的运用。利用界面的造型、室内的空间造型，墙及物品上的图案来统一空间，活跃气氛。

（4）照明的运用。中间的开阔感与光照的亮度成正比，明亮的房间感觉大，昏暗的房间感觉小。照明对渲染空间环境气氛、提高空间的舒适感具有极大的作用。

（5）视错觉的运用。例如，许多住宅的玄关空间都非常狭小，在墙上装饰以镜面，空间似乎变得开敞多了；还有些较大的空间，如餐厅，室内经常不可避免地出现立柱，阻碍视线，如果用镜面玻璃加以包装，在视觉上几乎可以使之趋于消失。

第三节　室内空间人体尺寸与环境心理

人体工程学所研究和应用的范围极其广泛，所涉及的各学科、各领域的专家学者都试图从自身的角度来给其命名和下定义，因而世界各国对于其命名不尽相同，包括人体测量学、工效学、人体工效学及人体工程学等。其实基本内容是一致的，即都是以人作为载体，研究人在作业、机械、人机系统、心理和环境的设计方面的应用问题，探讨人们劳动、工作效果、效能的规律性，以保证人类安全、舒适、有效地工作。在室内空间设计领域，设计师进行设计时，必须从每一个细节去认真考虑，以功能与生活方式为核心，对人体本身的尺寸、肢体活动和心理感受及周围物化形式的定位给予高度的重视。可以说，人体工程学是室内空间设计展示的根本，时刻影响着设计的质量和品质。

一、人体工程学的含义与发展

人体工程学（human engineering），也称人类工程学、人间工学或工效学（ergonomics）。ergonomics原出希腊文"ergo"，即工作、劳动和效果的意思，也可以理解为探讨人们劳动、工作效果和效能的规律性的学科。人体工程学即研究"人—机—环境"系统中人、机器和环境三大要素之间关系的学科。人体工程学可以为"人—机—环境"系统中人的最大效能的发挥，以及人的健康问题提供理论数据和实施方法。

早在公元前1世纪，奥古斯都时代的罗马建筑师维特鲁威就从建筑学的角度对人体尺度做了较为完整的论述。文艺复兴时期，达·芬奇创作了著名的人体比例图。比利时数学家Qvitler最早对此学科命名并于1870年发表了《人体测量学》一书。人体测量数据在漫长的历史历程中大量积累，但遗憾的是它未对人生活环境的设计起任何作用。1921年，日本人田中宽一提出了人类工程学的概念。1951年，麦克米出版了《人类工程学》一书，使其成为人类工程学的奠基人。第二次世界大战后，各国都把人体工程学的实践和研究成果迅速有效地运用到空间技术、工业生产、建筑及室内空间设计中，并于1960年创建了国际人体工程学协会。1961年，在斯德哥尔摩召开了第一届国际工效学年会，并成立国际工效学联盟。我国在这一学科研究起步则较晚，目前处于发展阶段。1989年成立了中国人类工效学学会，下设安全与环境专业学会，1991年1月我国成为国际人类工效学协会的正式会员。

当今社会正向着后工业社会和信息社会发展，"以人为本"的思想已经渗透到社会的各个领域。人体工程学强调从人自身出发，在以人为主体的前提下研究人的衣、食、住、行以及生产、生活规律，探知人的工作能力和极限，最终使人们所从事的工作趋向于适应人体解剖学、生理学和心理学的各种特征。"人—机—环境"是一个密切联系在一起的系统，运用人体工程学主动地、高效率地支配生活环境将是未来设计领域重点研究的一项课题。

二、人体工程学在室内空间设计中的作用

人体工程学在室内空间设计中主要有以下几方面作用。

（一）为确定空间范围提供依据

根据人体工程学中的相关计测数据，从人的尺度、动作和心理空间等

方面，为确定空间范围提供依据。

（二）为家具设计提供依据

家具设施为人所使用，因此它们的形体、尺度必须以人体尺度为标准。同时，人们为了使用这些家具和设施，其周围必须留有活动和使用的最小空间，这些设计要求都可以通过人体工程学来解决。

（三）提供适应人体的室内物理环境的最佳参数

建筑室内外物理环境主要包括热环境、声环境、光环境、重力环境和辐射环境等。建筑室内外物理环境参数有助于设计师做出合理的、正确的设计方案。

（四）为确定感觉器官的适应能力提供依据

通过对视觉、听觉、嗅觉、味觉和触觉的研究，为空间照明设计、色彩设计、视觉最佳区域等提供科学的依据。

三、人体工程学在室内空间设计中的运用

（一）室内空间中沙发的尺寸运用

根据人体工程学的测量数据，室内空间中单座沙发的尺寸为760mm×760mm，双人座沙发的尺寸为760mm×1570mm，三人座沙发长度为760mm×2280mm。很多人喜欢进口沙发，这种沙发的尺寸一般是900mm×900 mm。沙发座位的高度约为400mm，座位深530mm左右，沙发的扶手一般高560～600mm。如果沙发无扶手，而用角几和边几的话，角几和边几的高度也应为600mm高。

沙发宜软硬适中，太硬或太软的沙发都会使人腰酸背痛。茶几的尺寸一般是1070mm×600mm，高度是400mm。中大型单位的茶几，也有1200mm×1200mm规格，这时，其高度会降低至250mm～300mm。茶几与沙发的距离为350mm左右。

（二）室内空间中床的尺寸运用

床的长度是人的身高加220mm枕头位，约为2000mm左右。床的宽度有900、1350、1500、1800mm和2000mm等。床的高度，以被褥面来计算，常用460mm，最高不超过500mm，否则坐时会吊脚，很不舒服。被褥的厚度50～180mm，为了保持褥面高度460mm，应先决定用多高的被褥，再决定床架的高度。床底如设置贮物柜，则应缩入100mm。床头屏可做成倾斜效果，倾斜度为15°～20°，这样使用时较舒服。床头柜与床褥面同高，过高会撞头，过低则放物不便。

第四节 室内居住空间的设计方法与应用

一、玄关和客厅的空间设计方法分析

（一）玄关设计

玄关是居住空间的第一印象。玄关是指连接室内与室外的一个过渡空间和中转空间，其主要的功能是展示、换鞋、更衣、引导、分隔空间等。玄关是一块缓冲之地，是一个缩影，是乐曲的前奏、散文的序言。玄关主要有视觉屏障作用、较强的使用功能、保温和装饰作用，其设计采用的材质主要分为以下几类。

1. 地面材料

由于玄关的地面需要考虑到保洁功能，一般会采用大理石或釉面砖。在设计上为了美观也可以把玄关地面与客厅区分开来，自成一体，用纹理美妙、光可鉴人的磨光大理石拼花，或者图案各异、镜面抛光的地砖拼花勾勒而成。

2. 天花材料

玄关的空间往往比较局促，容易产生压抑感。但通过局部的吊顶配合，能改变玄关的比例和尺度，塑造空间层次。玄关天花的主要材料是浅色的墙漆，在设计师的巧妙构思下，玄关吊顶也能成为极具表现力的室内一景。它可以是自由流畅的曲线，也可以是层次分明的几何形体，甚至是大胆外露的木格架，上面悬挂一点点绿意。玄关的吊顶应该与客厅的吊顶结合起来考虑，达到简洁、统一的效果。

3. 墙面材料

玄关是进入室内的第一印象，而墙面的装饰效果又是最容易引起人的视觉注意的地方。因此，玄关的墙面材料设计往往选出一块主墙面重点加以刻画，如利用彩色墙漆将墙面做出不同纹路的艺术效果；利用不同花色的墙纸制造装饰效果等。此外，玄关的墙面还可以运用多种材料的结合，达到突出重点的效果。

玄关的装饰主要有以下几种手法：

（1）利用家具和隔断来分隔空间，同时形成重点的装饰立面效果。玄关的隔断常用的设计手法有重复排列的木格栅、装饰效果较强的刻花玻璃、对称的欧式大理石柱式和券拱造型、古朴雅致的中式屏风等。这些装饰隔断既分隔了空间又保证了局部空间的完整性。

（2）利用灯光的重点照明形成视觉焦点。玄关的照明总体应较明亮，为达到一定的装饰效果，可以根据顶面造型暗藏灯带，并利用射灯的聚光效果突出墙面的造型，形成视觉瞩目的焦点。

（3）利用软装饰提升空间的品位。玄关设计除了考虑硬装饰之外还应考虑软装饰的设计搭配效果，一个花瓶或一支干花，就可以较好地表达出玄关的一份灵气和趣味；一幅好的装饰挂画也能从不同的角度折射出主人的学识、品位和修养。

（二）客厅设计

客厅是居住空间中一个公共交往的空间，主要功能是接待客人、亲朋聚谈和家庭视听，是家居生活中使用频率最高、活动最频繁的一个区域。客厅按使用功能可划分为聚谈休闲区、视听欣赏区和娱乐区，这些功能可根据不同的家庭情况进行调整，如对内容有联系且使用时间不同的区域可合二为一，白天为聚谈区，晚上可作视听欣赏区。

1. 客厅设计的风格定位

客厅的设计风格应与家居空间的整体设计风格相吻合。高贵华丽的欧式古典风格、稳重儒雅的中式古典风格、现代时尚的简约风格、亲切温馨的乡村风格、清新自然的地中海风格等风格样式的定位因主人的喜好、性格和文化品位而定，客人可以通过客厅的设计风格选择了解到主人的品位及涵养，客厅的风格设计应在把握整体风格统一的前提下融入个人的性格，使个性寓于共性之中。

2. 客厅设计的基本要求

（1）空间尽量宽敞、明亮。客厅空间设计中，制造宽敞的感觉是一件非常重要的事，这样可以避免空间的压抑感，给使用者带来轻松的心境和欢愉的心情。客厅要明亮，不论是自然采光还是人工照明都要求营造出光线充足、明亮清晰的视觉效果。

（2）空间尽量做高。客厅是家居空间中主要的公共活动空间，不管是否做人工吊顶，都必须确保空间的高度，这个高度是指客厅应是家居中空间净高最大者（楼梯间除外）。这种最高化包括使用各种视错觉处理。

（3）景观最佳。在家居空间设计中，应尽量确保从各个角度所看到的客厅都具有美感，这也包括主要视点即沙发处向外看到的室外风景的最佳视觉化。客厅应是整个居室装修最漂亮或最有个性的空间。

（4）交通最优。客厅的交通流线设计应通达、顺畅，无论是侧边通过式的客厅还是中间横穿式的客厅，都应确保进入客厅或通过客厅的顺畅。

3. 客厅的设计方法

（1）空间处理和分割。客厅的空间设计可以运用流畅空间和共享空间的设计理念，如将厨房与客厅之间做开放式处理，配上一套品位较高的厨房家具或吧台，与客厅区域空间联体，这样能更好地体现出客厅的共享氛围，使空间更加开阔、流畅，体现出现代人开放自由的审美观。运用组合沙发与茶几构成的虚拟空间作为会客与就餐区域的视觉区分，使空间保持连贯和通透，也是客厅空间处理的常用手法。

在客厅空间的分割设计上，既可以运用高度在80cm以内的矮柜结合陈设品和工艺品的摆设来弹性分割空间，也可以运用罗马柱结合券拱的造型或中式冰花格的木罩门来实体分割空间。此外，在空间的分割上，还可以通过材料的区别和吊顶的造型变化来分割空间。

（2）墙面装饰。客厅的墙面是装饰的重点，因为它面积较大，位置重要，是视线集中之处，所以其装饰风格、造型样式和色彩效果对整个客厅的装饰起了决定性的作用。首先应从整体出发，综合考虑客厅空间门、窗位置以及光线的设计、色彩的搭配等诸多因素，客厅墙面装饰不能过于复杂，应以简洁、大方为准，重点对电视背景墙进行装饰，形成客厅的视觉中心。客厅电视背景墙的设计样式较多，欧式风格的客厅电视背景墙常采用对称的设计手法，将左右对称的欧式经典柱式与中间的斜拼、直拼或错拼的大理石造型结合在一起。为使视觉效果更加丰富，也常结合车边银镜、皮革硬包、装饰墙纸、木饰面等不同装饰材料，形成客厅视觉的焦点。中式风格的客厅电视背景墙常结合中式传统设计元素，如木格栅、木质屏门、刻字文化砖等。现代风格的客厅电视背景墙则采用几何体块的构成感，利用凹凸、倾斜、质感的变化突出造型。

（3）地面装饰。客厅地面材质选择余地较大，可以用地毯、地砖、天然石材、木地板、水磨石等多种材料。地面的颜色和材质应尽量统一，形成视觉的连贯和协调。局部区域可以特殊处理，如想突出会客区的空间领域感，可在原地板上铺设地毯来加以强调。

（4）吊顶装饰。客厅的吊顶应根据空间的高度而定，层高较高的别墅客厅可以吊二级、三级甚至四级顶，这样可以使吊顶的层次更加丰富。吊顶的造型要配合整体空间的设计风格，如欧式的吊顶可以采用圆形或椭圆形，现代风格的吊顶可以采用直线型等。房屋空间高度在2.8m左右的客厅空间由于层高的限制，可以采用局部吊顶的形式，如将天花做成四周吊顶的天池形状，或在电视背景墙上方局部吊顶。

（5）灯光设计。客厅的灯光设计要兼具实用性和装饰性。实用性是针对照度的要求而定的，客厅的主要灯光组成包括吊灯、筒灯、壁灯和射灯，照度上要求明亮清晰，保证较强的可视度。装饰性灯光效果主要用来渲染空间气氛，让空间更有层次，或突出表现局部装饰效果用。装饰性灯光不是主角，主要起辅助作用。

（6）色彩设计。

客厅的色彩应根据风格的不同而定，同时还要考虑采光以及颜色的反射程度，客厅空间的色彩最好不要超过三个，否则会显得杂乱。通过调节颜色的灰度和饱和度，可以增加色彩的多样性。客厅的色彩主要是通过地面、墙面及大件家具来体现。色彩本身并无优劣之分，关键是怎样搭配，不同的颜色会有不一样的视觉效果和心理感受，如蓝色使人感觉宁静、凉爽；绿色使人感觉清新、自然；红色使人感到热情、兴奋；黄色使人感觉温馨、舒适等。此外，明亮的色调会使空间显得比较大，常用来装饰较小、较暗的客厅空间。

二、卧室空间设计方法分析

（一）主卧室设计

主卧室是主人的私人生活空间，具有高度的私密性。在功能上，主卧室一方面要满足休息和睡眠的要求；另一方面，也要具备休闲、工作、梳妆、盥洗、储藏等综合功能。主卧室的设计应注意以下几个方面的问题。

1. 朝向

主卧室床头朝南或朝西南方向有利于睡眠。睡眠中的大脑仍需大量氧气，而床头朝南或西南方向，在东面开窗或设置阳台，可以保证室内充足的阳光，空气流通也更加顺畅，同时符合地球的磁场。卧室床头不宜朝西，或者朝向卫生间一边。

2. 空间设计

睡眠的空间宜小不宜大。在不影响使用的情况下，睡眠空间面积小一些会使人感到亲切与安全。主卧室空间太大，会使人产生孤独、寂寞的心理感受。主卧室的空间应尽量方正，过多的转角或尖角容易产生磕碰。主卧室应通风良好，采光充足，原有建筑通风和采光不好的应适当改进。卧室的空调出风口不宜布置在直对床的地方。

3. 地面设计

主卧室地面首选木地板，木地板触感舒适，生态环保。在大面积铺设木地板的情况下，为增加空间的装饰效果，可以局部铺设地毯，这样可以防止地面的单调感。

4. 墙面设计

主卧室墙面设计的重点是床头背景墙，设计上多运用点、线、面等造型要素按照形式美的基本原则进行组合，使造型和谐统一而又富于变化。床头背景墙常用的材料是布艺软包、皮革软包、画框装饰线、大理石线、灰镜、银镜、墙纸等。色彩以米黄色、米白色、暖灰色等中性色为主，营造出卧室空间宁静、安详、舒适的氛围。此外，墙面上的挂饰对主卧室的装饰也起着重要的作用，要想从视觉上扩大卧室空间，在装饰卧室墙面的时候可以选择一些直线条的家具来装饰墙面，这样相对于弯曲的挂饰在视觉上可以给人一种更加宽敞的感觉。

5. 顶面设计

主卧室的顶面装饰常在四周做吊顶，中间空出。吊顶的样式较多，以长方形和内凹的梯形居多，吊顶四周常用射灯或筒灯，中间部分则用吸顶灯；也可以将主卧室四周的吊顶做厚，而中间部分做薄，从而形成两个明显的层级。这种做法要特别注重四周吊顶的造型设计。

6. 照明设计

主卧室是主人休息的场所，灯光要柔和，以利于睡眠。主卧室的照明主要有以下几种方式。

（1）通过天花板反射，为卧室空间提供基本照度的吸顶灯间接照明，目的是在保证室内所需基本照度的基础上，使室内的光线变得柔和，营造浪漫、温馨的气氛。

（2）天花暗藏灯带与壁灯、落地灯组成的情景照明，目的是烘托气氛，营造一种宁静、安详的光照环境。

（3）以射灯的聚光效果为主的重点照明，目的是突出重点装饰效果。

7. 色彩设计

主卧室色彩设计首先应确定一个主色调，主色调的确定与设计风格紧密联系，如欧式古典风格的卧室常用的主色调是黄色、米黄色、金色和褐色，现代风格的卧室常用的主色调则是黑色、银灰色和白色。

在确定好主色调后，就要将其他的选择色彩与主色调联系起来，尽量选择同类色或同种色。

8. 主卧室家具布置

（1）床的布置。床位一般安排在室内的中轴线上，与天花造型上下呼应。床最好侧对门和窗，这样可以防止光线直射对眼睛的影响。睡床高边的床头靠墙，左右两边放置床头柜，两侧留出通道，这样的布局使空间显得更加宽阔。床不应正对着门放置，不然会有房间狭小的感觉，并且开门见床很不方便。

（2）衣柜的布置。衣柜主要有拉门和推门两种样式，主要用以储藏衣物和被褥。衣柜一般放置在床的侧面，可根据需要做成连体的嵌入式衣柜。空间较大的主卧室还可以设置衣帽间。

（二）儿童卧室设计

儿童卧室一般分睡眠区、娱乐区和储物区，这些区域也可兼而用之。设计儿童卧室应注意以下问题。

1. 尺度设计合理，家具摆设得当

考虑到孩子的年龄和体型特征，设计中要注意多功能性及尺寸的合理性，儿童的成长和发育需要一定的过程，因此儿童家具的尺寸比成人家具要小很多，这样可以节省空间。根据孩子的审美特点，家具颜色要选择明朗艳丽的色调。在房间的整体布局上，家具要少而精，要合理利用室内空间，摆放家具尽量靠墙，设法给儿童留出较多的活动空间。学习用具和玩具最好放在开放式的架子上，便于随手拿取。

2. 体现童趣，注重安全

儿童卧室设计要体现童趣，满足儿童的个性需求。可以利用特制的儿童墙纸营造空间情趣。儿童卧室要特别注重安全性，家具的转角要设计圆角，防止磕碰时受伤，不要设置大镜子、玻璃柜门之类易碎物品。

（三）老人房设计

老人房的设计应以实用为主，主要满足睡眠和储物功能。考虑到老年人的心理和生理特点，设计老人房时应注意以下几点：

（1）房间最好有充足的阳光，房屋向南为宜。

（2）考虑到老年人的生活不便，房间最好靠近卫生间。

（3）老人房的灯光设计极为重要，老年人视力一般不好，起夜较多，因此老人房的灯光设计，特别是夜间照明要充分考虑。

（4）老年人喜欢安静，所以房门及窗户的隔音效果要好。

（5）家具要简洁，注意安全，特别是边角位要钝化或者改为圆角，过高的橱柜、低于膝的大抽屉都不宜用。床两侧尽可能宽敞一些，使老人活动方便。

（6）地面以铺设木地板为宜，以满足老人行走安全。

（7）房间色彩应偏重于古朴、平和、沉着的色调，避免使人兴奋与激动的色彩，一般以温暖和谐的暖色系为主。

三、饭厅和书房空间设计方法分析

（一）饭厅设计

饭厅是家庭进餐的场所，也是宴请亲朋好友交往聚会的空间，不仅要创造一个有特色的就餐环境，根据不同居住者的要求还可以考虑兼顾休闲、娱乐、聊天的使用功能。饭厅的设计应注意以下几点。

（1）如果空间条件允许，单独用一个空间作饭厅是最理想的，独立的空间可以保证就餐时的私密性，避免受到过多的影响。饭厅的位置要紧邻厨房，这样上菜比较方便；对于住房面积不是很大的居室空间，也可以将饭厅与厨房或客厅连为一体，这种开放式空间的设计可以使整个公共空间显得更加宽阔、舒展。

（2）饭厅的顶棚设计讲求上下对称与呼应，其几何中心对应的是餐桌。顶棚的造型以方形和圆形居多，造型内凹的部分可以运用彩绘、贴金箔纸、贴镜面等做法丰富视觉效果。餐灯的选择则应根据餐厅的风格而定，欧式风格的餐厅常用仿烛台形水晶吊灯，中式风格的餐厅常用仿灯笼形布艺吊灯。

（3）饭厅的墙面设计既要美观又要实用。酒柜的样式对于餐厅风格的体现具有重要作用。欧式风格的餐厅酒柜一般采用对称的形式，左右两边的展柜主要用于陈列各种白酒、洋酒，中间的部分可以悬挂和摆设一些艺术品，起到装饰的作用。中式风格的餐厅酒柜则可以采用经典的中国传统造型样式，如博古架。空间较小的饭厅，可以在墙面上安装一定面积的镜面，形成视错觉，造成空间增大的效果。

（4）饭厅的地面应选用表面光亮、易清洁的材料，如石材、抛光地砖等。饭厅的地面可以略高于其他空间，以15cm为宜，以形成区域感。

（5）饭厅的色彩宜采用温馨、柔和的暖色调，这样不仅可以增进食欲，而且可以营造出惬意的就餐环境。

（二）书房设计

书房是居室空间中私密性较强的空间，是作为阅读、学习和家庭办公的场所。书房在功能上要求创造静态空间，以幽雅、宁静为原则。书房一般可划分为工作区和阅读藏书区两个区域，其中工作和阅读区要注意采光和照明设计，光线一定要充足，同时减少眩光刺激。书房要宁静，所以在空间的选择上应尽量选择远离噪声的房间。书房的主要功能是看书、阅读和办公，长时间的工作会使视觉疲劳，因此书房的景观和视野应尽量开阔，以缓解视力疲劳。藏书区丰要的家具是书柜，书柜的样式应与室内的整体设计风格相吻合，如欧式风格用对称的券拱式书柜、中式风格用博古架、现代风格用方正的几何形等。要有较大展示面，以便查阅，还要避免阳光直射。

书房空间中的书桌高度为750～800mm，桌下净高不小于580mm；座椅坐高为380～450mm；书柜厚度300～400 mm，高度为2100～2300 mm；书桌台面的宽度不小于400mm。

四、厨房和卫生间空间设计方法分析

（一）厨房空间设计

厨房的主要功能是食品加工和烹饪食物，其功能区域主要有存储区、洗涤区和烹饪区。厨房的布局主要有以下几种样式。

（1）单边形，即将存储区、洗涤区和烹饪区设置在靠墙的一边，这种形式适用于厨房较为狭长的空间。

（2）"L"形，即将存储区、洗涤区和烹饪区依次沿两个墙面转角展开布置，这种布局形式适用于面积不大且较为方正的空间。

（3）"U"形，即沿三个墙面转角布置存储区、洗涤区和烹饪区，形成较为合理的厨房工作三角区域，这种布置形式适用于相对较大的空间。

（4）岛形，即在厨房内设置一处备餐台或吧台的厨房布置形式。

在厨房设计中，洗菜水池、冰箱储存区和烹饪灶台三者相隔不宜超过1m，这样可提高厨房工作效率。橱柜工作台离地高750～800mm，工作台面与吊柜底的距离为500～600mm，放炉灶台面高度不超过600mm。

（二）卫生间设计

卫生间不仅是人们生理需求的场所，而且已发展成为人们追求完美生活的享受空间，功能从如厕、盥洗发展到按摩浴、美容、疗养等，帮助人们消除疲劳，使身心得到放松。根据卫生间的平面形式和面积尺度，卫生间的平面布置主要有两种形式。其一是洗浴部分与厕所、盥洗部分合在一个空间，这种形式在设计布置上应考虑将厕所设备与盥洗设备分区，并尽可能设隔屏或隔帘；其二是盥洗部分单独设置的形式，这种形式最大的优点是方便使用，互不干扰，适用于卫生间面积较大的空间。

卫生间的常用尺寸包括洗手台高为750～800mm，双人洗手台长宽尺寸为1200mm×600mm，坐便器周边预留宽度不小于800mm。沐浴间的标准尺寸是900mm×900 mm，浴缸常见尺寸为500mm×700mm。

第五节　室内公共空间的设计方法与程序

一、办公空间设计方法与设计程序分析

（一）办公空间设计的初步认知

办公空间是一种开放空间与封闭空间并存的工作空间形态，是人们工作的主要场所。办公空间设计的最大目标就是要为工作人员创造一个舒适、方便、卫生、安全、高效的工作环境，以便更大限度地提高员工的工作效率。其中"舒适"涉及建筑声学、建筑光学、建筑热工学、环境心理学、人类工效学等方面的学科；"方便"涉及功能流线分析，人类工效学等方面的内容；"卫生"涉及绿色材料、卫生学、给排水工程等方面的内容；"安全"问题则涉及建筑防灾、装饰构造等方面的内容。

（二）办公室空间设计方法

1.办公空间的设计要求

（1）办公空间的平面布局设计应解决的问题。办公空间的平面布局设计首先应解决三个问题：一是对各功能空间在平面上作合理的分配；二是对分配好的空间作平面形式的设计；三是设定地面材料和地面装饰图案。

（2）办公空间的平面布局设计要注意设计导向的合理性。设计的导向是指人在空间中的流向。这种导向应追求"顺"而不乱的原则。所谓"顺"，是指导向明确，疏导空间充足。为此，在设计中应模拟每个座位中人的流向，在流动变化之中找出规律，并绘制相应的交通流线图。

（3）要根据功能使用需求和特点来划分空间。在办公空间设计中，各功能区都有自身的使用需求和特点，应根据其使用需求和特点来划分和组织空间。如可以考虑经理室、财务室规划为独立空间，保证其私密性；让财务室、会议室与经理室尽量靠近，以方便开展会务等。

（4）要注重空间的舒适性与整体性。办公空间非常讲求效率与协作，各个功能空间的设计首先要符合人体工学的基本要求，让使用者用起来舒适，同时，要充分考虑采光和通风的效果，采用大玻璃开窗的形式，将室外的自然景观引入室内，营造舒适、惬意的办公环境；其次要体现美感，用整体的装饰效果来激励员工、缓解疲劳；最后要保持空间的整体感，减少无谓的视觉阻隔，展现出开放、包容的办公理念。

（5）要注重空间的土次划分。比较重要的功能空间，应该有相对较好

的朝向和景观，如总经理室。

2. 办公空间的功能区域安排

办公空间功能区域的安排首先要考虑工作和使用的方便。从业务流程的角度考虑，通常平面的布局顺序应是门厅接待—恰谈业务—开展工作—审阅（领导审批）。此外，每个工作程序还有相关的功能区域支持。

（1）门厅。门厅处于整个办公空间的最前沿的位置，给客人第一印象，应该重点设计，精心装修。门厅的面积要适度，尽量开阔，避免局促，可根据需要在合适的位置设置接待台和等待休息区，还可以安排一些园林绿化小品和装饰品陈列区。

（2）接待室。接待室是接待访问和洽谈业务的场所，也是展示公司业务和宣传企业形象的场所，装修应有特色，面积不宜过大，家具可使用沙发和茶几组合。要预留陈列柜、摆设镜框和宣传品的位置。

（3）通道。通道在空间的交通组织中起到重要作用。在办公空间设计时要尽量减少和缩短通道的长度，主通道宽一般在1800mm以上，次通道也不要小于1200mm。

（4）员工工作区。员工工作区是办公空间中的主要办公场所，也是人流较密集的地方，应根据工作需要和部门人数并参考建筑结构而设定面积和位置，同时要注意与整体风格的协调。

（5）会议室。会议室是员工开会和进行员工培训的场所，主要功能是会务，要求具有一定的私密性。同时，室内的隔音、吸音、灯光、音响和减噪效果要充分考虑。如果使用人数在30～50人左右，可用圆形或椭圆形的大会议台形式。

（6）经理办公室。经理办公室通常分为总经理（或董事长）办公室和副总经理办公室，两者在装修档次上有一定区别。这类办公室的位置应选通风、采光和景观条件最好，私密性较强的空间。面积要宽敞，家具型号大，室内可设置装饰柜、书柜、接待沙发、小型会议桌椅等家具，以及小型厨房、卫生间和卧室等附属空间。

3. 办公空间的色彩与心理

人不仅能识别色彩，而且对色彩的和谐有一种本能的需求。和谐的色彩使人积极、开朗、轻松、愉快；不和谐的色彩则相反，它使人感到消极、抑郁、沉重、疲劳。办公空间色彩在一定程度上会影响员工的工作状态和工作满足感。一般来说，办公空间色彩的配置应依照"大和谐小对比"的原则。大和谐是指办公室的大面积色彩应该色调统一，色差较小，以高明度的暖灰色为首选；小对比是指办公空间内的局部造型和家具可以拉开与整体色调的色差，形成深浅变化的层次，减少空间的单调感。现代办公家具主要有5种色调，即黑色、灰色、棕色、暗红色和素蓝色。

（三）办公室设计的基本原则与程序

1.办公室设计的基本原则

（1）充分利用空间。空间的充分利用可以通过以下方法来实现。

1）组合家具的运用使空间更加紧凑，利用率更高。

2）打掉部分非承重墙用柜子作隔断，实现空间的最大利用率。

3）在门边和拐角的位置设置储物间或储物柜，加强空间的收纳功能。

4）采取开放或半开放式设计，使空间更加通透、流畅。

（2）利用原结构形式可以实现空间的最大利用。利用原结构的梁间距和柱间距可以实现吊顶和间墙的最大利用。

（3）空间的弹性利用。空间的弹性利用可以改变空间的大小和格局，实现空间的多功能化。空间的弹性利用主要有以下几种形式。

1）活动隔断。即利用可以移动和拆卸的隔断来分隔空间的形式，活动隔断可以使空间隔而不断，既可以实现空间的重组，又可以保证空间的流畅贯通。

2）活动地面。即通过地面的升降或伸缩来实现分化空间的形式。这种形式既可以丰富空间的使用功能，又可以改变空间的使用性质。

3）材料和灯光变换。即通过材料和灯光变换的差异性来分化空间的形式。

2.办公空间的设计程序

办公空间的设计程序主要分为以下几个步骤。

（1）访问调查。

1）在行政级对办公空间的使用面积分配、总体风格样式、色调、材料和灯光效果进行调查。

2）在管理级对办公各部门的使用功能进行调查。

3）在操作级对工作流程及设备使用情况进行调查。

（2）获取室内空间的尺寸数据和建筑结构情况。

1）通过现场测量获取室内空间的尺寸数据，如空间的总长和总宽、柱子的长和宽、梁底到地面的高度、楼板到地面的高度等。

2）根据现场拍照并结合原建筑结构图，获取空间建筑结构情况。

3）绘制室内初步平面布置图。

（3）制作设计提案。

1）阐述空间设计理念和功能分布。

2）根据平面布置图配制各空间的设计意向图。

（4）制作空间电脑效果图和施工图。此即最后一个步骤。

设计就是将设计概念转化成设计图纸的过程，办公空间设计主要按照以下步骤来进行。

1）在初步方案设计时，设计师可以采用气泡图或者块状图来进行空间的脉络组织与格局设计。

2）在初步的空间脉络和格局形成后，进行交通流线设计，将各功能空间有效地连接起来，并实现功能区域的简单划分。

3）进行各功能空间的深化设计，根据办公家具与设备合理地布置室内空间，保证空间的有效利用。

4）进行各功能空间的装饰造型设计、色彩设计、材料设计和陈设设计。

二、展示空间设计方法与设计应用程序分析

（一）展示空间设计的初步认知

展示空间的总体设计是指在一个宏观的框架下对整个展示活动的空间布局、艺术风格、整体形象及重点表达方式进行的设计。展示空间设计中应强调统一设计、统一审定、统一指挥展示方案实施的原则，使每一个展示活动的策划者和设计者成为一个系统工程的组织者。作为一名展示设计师，不仅要具备较强的展示空间专项设计能力，还必须有较高的综合素质，具体来说应该做到以下几方面。

第一，设计师应具有一定的文化修养。展示设计师应掌握一定的政治、历史、地理、天文、文学、戏剧、电影、音乐、科技等方面知识，以拓展设计思维。

第二，设计师应具有较强的专业能力。展示设计师必须掌握与展示设计相关的专业基础知识，包括建筑设计、室内空间设计、结构力学、材料力学、电气设计、工艺制作、环境设计、视觉传达设计、产品设计等，能够熟练地运用设计性手段表达设计意图，具备扎实的设计表现技法、制图基本功和二维思考能力，熟练掌握电脑辅助设计的各种软件，能够准确、快速、形象地表达设计方案。

第三，设计师应具有敏锐的洞察力。展示设计师必须不断地关注国际展示的新动态，善于发现和应用新的科技成果，充分运用新材料、新工艺、新技术，以创造性的思维方法创作出新颖的展示设计方案，体现现代展示设计的前沿性和时代感。

第四，设计师应具有公关协调能力。展示设计师必须具备较强的公关协调意识与组织能力，善于统筹规划，协调各部门、各环节的工作进

展，有较强的人际交往能力和团队合作精神，并能够接受他人的合理建议与意见。

（二）展示空间设计方法

展示空间设计包括整个活动的筹划、总体设计以及每个阶段的设计整个过程。贯穿整个展示活动的前期工作主要包括两个方面：一是文案工作，二是设计工作。这两个方面的工作在开展过程中不可截然分开，展示效果的好坏，取决于这两个方面工作人员相互合作的工作成效。就展示空间设计的工作进程看，可以分为以下几个阶段。

1.展示空间设计的前期策划及准备工作

（1）组建展示空间设计筹备机构。针对展示活动所需，各方面工作人员应有组织地建立一定的工作关系，以便各自任务的顺利完成。

（2）编写展示空间设计文字脚本。展示活动文字脚本的撰写，实际上是展示设计的真正开端，一般正式的展览会、博物馆陈列的文字脚本都需花费很长的时间和很多的精力去酝酿，它是总体设计前的重要准备工作。根据展示活动的目的和要求、展示的具体内容以及专业需要等情况，由编辑人员负责编写文字总体脚本和文字细目脚本，这两个脚本将成为展示设计活动的指导性文件。

（3）展示空间设计资料的征集。根据文字脚本的要求，由专门工作人员负责对展品资料进行征集与选择，对所有展品均进行逐一登记、注册、编号，标明选送的单位名称、品名、规格、特征等，并留存底册。这项工作将对具体设计工作的开展以及展览结束后展品的清理和退还都有重要作用。

（4）制作展示空间设计项目设计书。展示项目设计书是具体细致的展示文字编辑工作任务书，是细化设计的反映。它是根据总体脚本的内容要求以及征集的实物、图片、文字等资料，由文字编辑人员征求展示设计师意见的前提下，详细编写出每个单元的主副标题、文字说明、展品和图片的种类与数量等，以及对艺术表现形式与媒体的选择，对必备的道具与陈列、照明环境与色彩的特殊要求，确定演示、播音等活动时间与顺序的总体安排。

2.展示空间设计的技术与艺术设计

（1）展示空间艺术设计。展示活动的艺术设计又称为"图式设计"，是展示设计师将自己的创造性思维由文字脚本变为形象意图的表达过程，是使展示变为显示的必要步骤，贯穿在总体设计与单项设计之中。

艺术设计包括平面布局图、展示空间预想图、色彩效果预想图、立面预想图、照明效果预想图、平面设计示意图、展示道具设计、展示环境设计，以及总体设计方案的模型等。

（2）展示空间技术设计。展示空间技术设计工作是艺术设计的补充和延续，也是整个展示活动的技术保障。艺术设计方案通过论证、审批后，为了艺术设计效果的实现，须用技术性的表达方式进一步陈述设计意图。技术设计的具体相关内容包括：绘制精确尺寸的平面图、立面图、照明与动力配置线路图、道具制作工艺图及特殊设计图（音响、电子设施计划和防盗设施等）。这些技术性设计工作需要展示设计师及其他相关专业的设计师共同完成。

（三）展示空间设计的基本原则与程序

1.展示空间设计的原则

（1）展示空间设计的形的设计。形有形式、样式和形状之分。形式和样式可以理解为概念的范畴，而形状是具体的视觉领域的二次元和三次元。

1）形的象征。形的基本表现元素是线，因此形具有线的所有特征。直线给人的感觉明快、刚直、坚硬，具有速度感、力量感和紧张感；而曲线给人感觉柔软、舒缓，极具动感和美感。水平线比较安稳，垂直线比较锐利，斜线则尖锐有方向性。

2）可视形。可视形即可看、可眺望的形体。展示空间设计首先要考虑的是整体造型的可视性，以及重点部位的看点，同时还要考虑参观的人群从哪个角度观察的形最完美。人的有效视域一般为左右各100°，视平线上方60°、下方70°，当视线集中时，视点的锥角在28°左右，凝视时是2～3°左右。因此视点的聚焦方式和位置会直接影响注视面的范围，一般从视点到观察对象的垂直视域（陈列面高度）大约是视点到观察对象距离的1/2，也常常称作陈列的黄金区域。另外，提高可视性还可以利用曲面形、连续的凹凸面形等容易引起视觉注意的造型样式，提高形体的瞩目性。

2）展示空间设计的形式美法则。展示空间设计的形式美法则是指构成展示空间的物质材料的自然属性（如造型、色彩、线条、声音等）以及组合规律（如节奏与韵律、多元变化与统一等）所呈现出来的审美特性。展示空间设计的形式美法则主要有比例与尺度（黄金分割）、对称与平衡、重复与渐变、节奏与韵律、主从与过渡、质感与肌理、多样与统一等。这些规律是人类在创造美的活动中不断地熟悉和掌握各种感性质料因素的特性，并对形式因素之间的联系进行抽象、概括总结出来的。形式美法则具有独立的审美价值，是富于表现性、装饰性、抽象性、单纯性和象征性的"有趣味的形式"。

2.展示空间设计的程序

第一步：向设计师转交客户设计要求并随时与客户进行展位设计的相关沟通交流。

第二步：向客户交付设计初稿、设计说明和工程报价。

第三步：研究用户反馈意见并进行修改。

第四步：交付最后的展示空间设计定稿与工程报价。

第六节　新时期室内空间艺术设计的发展趋势

一、现代室内空间设计的发展现状与特点

现代室内空间设计作为一门发展仅十几年的新兴的学科，常存于人们的意识，如果追根溯源的话，自人类文明时期开始就存在装饰和美化室内居所。从建筑发展的初期，室内空间设计就相伴而生，所以对室内空间设计史的研究也是研究建筑史。

室内空间设计是基于建筑本身所具有的特性、建筑环境和相应标准，运用物质技术手段和建筑美学原理，创造功能合理，舒适美观，满足人们的物质和精神生活需要的室内环境。空间环境具有使用价值，满足相应的功能要求，同时也反映了历史文脉、建筑风格、环境气氛等精神因素。由于室内空间设计的目的是随着不同客观条件的变化而变化，由此产生不同的设计风格，这也反映了人们对于自身室内环境不同的追求功能。室内空间设计不仅是功能设计，也是人们对自身居住环境的需求性设计，它不再是一个单一的专业门类，设计作品是艺术与科学相结合的产物。室内空间设计作为一门独立的学科，具有相对独立的地位。

近十几年以来，随着城市化进程的不断发展壮大，迅速发展的中国建筑业引领室内空间设计行业也呈现出快速增长发展的趋势，在这种形式下，室内空间设计所面临的是既要抓住机遇也要接受挑战。同时，随着人们审美水平的提高，现代室内空间设计的设计风格也不同于以往。设计者必须对室内空间的设计风格进行充分的了解，根据空间分布、大小、位置等具体情况，依靠科学合理的方法去制订一个详尽完善的室内空间设计方案。设计师应遵循基本设计原则，赋予这些设计方案以独特的生命力，设计出来的作品应该是一个舒适、温馨和优雅的生活环境。人们的个性不同，价值观和审美观均有所差别。因此，室内空间设计风格也应各不相

同，有的喜欢时尚性的现代化设计，有的人喜欢古典风格，有的追求华丽，有些人喜欢亲近自然，现代室内空间设计风格呈现多样化、人性化。

室内空间设计以满足人们的精神生活和物质生活的双重需求为主要目的，从而对人所处的生产环境、生活学习环境、工作环境进行物质和精神上的改造，从而达到使用的必需条件和视觉上的美好享受。室内空间设计可以提高空间的生理、心理上预期的生活环境质量。从狭义上讲，由于空间条件的不同、业主要求的不同，室内空间设计的目的也随着客观条件的不同而不断变化，产生不同的设计风格，反映人们对功能和艺术的不同追求，以有限的物质条件创造出无限的精神价值。

二、现代室内空间设计未来发展趋势

设计是连接精神文明与物质文明的桥梁，人类希望改变世界，通过设计来改善环境，提高人类的生活质量。室内空间设计的核心问题是解决物质世界与精神世界之间的矛盾，实现两者的协调。随着人们生活质量和生活态度的变化，室内空间设计一直在不断发展的状态，以适应社会的发展，趋向于多层次、多风格；现代室内空间设计在室内空间对人们的精神需求和文化内涵的环境更强调。为适应人们对不同艺术风格的追求，室内空间样式频繁变化，从而使室内空间设计的新技术、新理论层出不穷、不断创新。随着社会和时代的发展，现代室内空间设计的风格特征的发展趋势主要体现在以下几个方面：

（一）注重材料的选择

传统的室内空间设计过于注重装饰效果，只考虑设计材料的价格、款式、质量以及能否达到自己满意的设计风格等问题，很少去关注室内空间设计中所使用材料的材质如何，是否环保，是否会对我们的健康造成影响等问题。不过，随着人们对生活质量的要求越来越高，人们开始关注自己的居住环境的质量以及自身的身体健康。所以，现代室内空间设计中，人们开始注重环保型材料的选择。比如作物的秸秆、芦苇和茅草等。

（二）追求自然与环保

随着绿色环保理念与可持续发展理念的普及，人们在装修风格上开始注重人与自然的和谐统一，越来越多的绿色植物与环保材料开始运用到室内空间设计中。近几年来，国际上工艺先进国家的室内空间设计正在向高技术、人性化方向发展，国内的室内空间设计也在重视科技的同时，更加强调人性化设计。我国室内空间设计开始回归自然，在住宅中创造舒适的田园气氛，采用许多民间艺术手法和风格。我们所赖以生存的生态环境是与我们每个人紧密相连的，越来越多的人已经认识到了保护生态环境以及节能环保的重要性。所以，在进行室内空间设计时开始追求自然与环保的设计风格，尽量减少对生态与环境造成的不良影响。

一方面，室内空间设计的起源是人类创造适于生活和居住的人工环境；另一方面，人类也具有亲近大自然的生物性，二者的平衡结果便是在人工环境中适度引入自然环境因素。例如，随着环保意识日渐深入人心，人们向往自然的室内环境，乐于创造舒适的田园气氛，强调色彩的自然属性和天然材料的应用。在此基础上设计师们不断努力的回归自然，创建新的纹理效果，具体的和抽象交叉的设计手法使人感受大自然的舒适和温暖。另外，从可持续发展的宏观要求出发，室内空间设计将更注重低碳环保设计，考虑节能与节省室内空间，创造有利于身心健康的室内环境。

（三）技术进步与地域文化相协调

社会的进步导致了室内环境的更新换代速度的加快，使得社会化大生产方式预制安装优先考虑在施工技术和工艺设计中，取代了传统的人工操作模式。不仅如此，随着科学技术的发展，利用现代科技手段在室内空间设计中，匹配最佳声光效果，使设计的颜色、形状，实现高速度、高效率、高功能，创造出理想的值得人们赞叹的空间环境。比如室内节能技术、全面绿化技术以及智能传感技术。同时，在空间特征越来越明显的区域文化的表达中，技术与艺术的结合，不仅重视科学技术，还强调区域文化的多样性，丰富了人民的物质生活和精神生活。复杂的室内空间设计风格推动了室内空间设计的发展。

第五章　新时期园林景观设计发展研究

近年来，随着我国社会的不断发展，园林景观设计也步入了一个全新的发展阶段，并取得了空前的发展。在城市规划建设中，园林景观设计是其中非常重要的部分之一，而如何科学、合理地将园林景观设计运用到城市规划建设中是本章重点论述的对象。

第一节　园林景观设计的概述

不同的专业、不同的学者对景观有着不同的看法。哈佛大学景观设计学博士、北京大学俞孔坚教授从景观的艺术性、科学性、场所性及符号性入手，揭示了景观的多层含义。

一、景观的视觉美含义

如果从视觉这一层面来看，景观是视觉审美的对象，同时，它传达出人的审美态度，反映出特定的社会背景。

景观是视觉美的感知对象，因此，那些特具形式美感的事物往往能引起人的视觉共鸣。桂林山水天色合一的景象，令人叹为观止；皖南宏村，村落依山傍水而建，建筑高低起伏，给人以极强的美感。

同时，视觉审美又传达出人类的审美态度。不同的文化体系、不同的社会阶段、不同的群体对景观的审美态度是不同的。如17世纪在法国建造的凡尔赛宫，它基于透视学，遵循严格的比例关系，是几何的、规则的，这是路易十四及其贵族们的审美态度和标准。而中国的古代帝王以另一种标准——"虽由人作，宛自天开"来建造园林，它表达出封建帝王们对于自然的占有欲望。

二、景观作为栖居场所的含义

从哲学家海德格尔的栖居的概念我们得知：栖居的过程实际上是人与自然、人与人相互作用，以取得和谐的过程。因此，作为栖居场所的景观，是人与自然的关系、人与人的关系在大地上的反映。湘西侗寨，俨然一片世外桃源，它是人与这片大地的自然山水环境，以及人与人之间经过长期的相互作用过程而形成的。要深刻地理解景观，一定要解读其作为内在人的生活场所的含义。下面首先来认识场所。

场所由空间的形式以及空间内的物质元素这两部分构成，这可以说是场所的物理属性。因此，场所的特色是由空间的形式特色以及空间内物质元素的特色所决定的。

内在人和外在人对待场所是不一样的。从外在人的角度来看，它是景观的印象；如果从生活在场所中的内在人的角度来看，他们的生活场所表达的是他们的一种环境理想。

场所具有定位和认同两大功能。定位就是找出在场所中的位置。如果空间的形式特色鲜明，物质元素也很有特色和个性，那么它的定位功能就强。认同就是使自己归属于某一场所，只有当你适应场所的特征，与场所中的其他人取得和谐，你才能产生场所归属感、认同感，否则便会无所适从。

场所是随着时间而变化的，也就是说场所具有时间性。它主要有两个方面的影响因素，一是由于自然力的影响，例如，四季的更替、昼夜的变化，光照、风向、云雨雾雪露等气候条件；二是人通过技术而进行的有意识地改造活动。

三、景观作为生态系统的含义

从生态学的角度来看，在一个景观系统中，至少存在着五个层次上的生态关系：第一是景观与外部系统的关系；第二是景观内部各元素之间的生态关系；第三是景观单元内部的结构与功能的关系；第四是存在于生命与环境之间的生态关系；第五是存在于人类与其环境之间的物质、营养及能量的生态关系。

四、景观作为符号的含义

从符号学的角度来看，景观具有符号的含义。

符号学是由西方语言学发展起来的一门学科，是一种分析的科学。现代的符号学研究最早是在20世纪初由瑞士语言学家索绪尔、美国哲学家和实用主义哲学创始人皮尔士提出的。1969年，在巴黎成立了国际符号学联盟（International Association of Semiotic），从此符号学成为心理、哲学、艺术、建筑、城市等领域的重要主题。

符号包括符号本体和符号所指。符号本体指的是充当符号的这个物体，通常用形态、色彩、大小、比例、质感等来描述；而符号所指讲的是符号所传达出来的意义。

景观同文字语言一样，也可以用来说、读和书写。它借助的符号跟文字符号不同，它借助的是植物、水体、地形、景观建筑、雕塑和小品、山石这些实体符号，再通过对这些符号单体的组合，结合这些符号所传达的意义来组成一个更大的符号系统，便构成了"句子""文章"和充满意味的"书"。

第二节　园林景观设计的构成要素与设计原则

园林景观的构成要素很多，下文主要从地形、水体、园林植物、园林建筑与小品、园路、园桥等几个方面进行论述。

一、地形

地形或称地貌，是地表的起伏变化，也就是地表的外观。园林主要由丰富的植物、变化的地形、迷人的水景、精巧的建筑、流畅的道路等园林元素构成，地形在其中发挥着基础性的作用。

（一）地形的形态类别

从地形的形态来分，根据其是规则形还是自然形可分为：自然式地形、规则式地形。

1. 自然式地形

自然式地形在园林设计当中常见的形式有：自然式的凹地形、凸地形、山谷、山脊、坡地和平坦地形等类型。

（1）凹地形。就是中间低，四周高的洼地。它给人隐蔽、私密、内向等感觉，人们的视线容易集中在空间之内，因而这种地形往往是理想的观演区，底层是表演者的舞台，而四周的斜坡是很好的观众场地。

凹地具有一些不好的特点，比如容易积水、比较潮湿。

（2）凸地形。凸地形的表现形式有山峰、山丘、山包等。它具有抗拒重力而代表权力和力量的特征。它是一种正向实体，同时是一种负向的空间。处于凸地形的顶部，会得到外向性的视野，又有一种心理上的优越感，所以古人才有"会当凌绝顶，一览众山小"的豪迈。

另一方面，如果人从低处向高处看凸地形，容易产生一种仰止的心理，因此，凸地形在景观中可以作为焦点或者起支配地位的要素。我们经常看到很多较重要的建筑物往往被放置于凸地形的顶端。

（3）山谷。两山之间狭窄低凹的地方称为山谷。山谷一般只有来自两个方向的围合，因此具有一定的方向性和开放性。其谷底线是山体的排水线所在地，容易形成自然的溪流，暴雨时易形成洪水，因此，如果要在山谷进行开发，不宜在谷底，只宜在山谷两侧的斜坡上。

（4）山脊。山脊与凸地形较为相似，最主要的差异是山脊是线状的，两者在设计上具有很多的相似点。山脊的独特之处是它的动势感和导向性，加上视野开阔，人们很容易被山脊吸引而沿着山脊移动。因而山脊线很受设计师重视，道路、建筑往往会沿山脊线布局。

（5）坡地。是指具有一定倾斜坡度的地形。由于地表是倾斜的，它给人极强的方向性。如果斜坡的视野开阔，人们喜欢在此静躺、远眺、遐想。

由于人的视域的特征，斜坡又是一个很好的展示景物的地方。

如果斜坡的坡度很大，则会给人一种不稳定感。一般而言，斜坡的坡度最大不能超过2：1，否则就要采取必要的工程措施。再者，坡度过大时对人的活动及交通都有很大的影响，这时应该设置台阶。

（6）平坦地形。指地表基本上与水平面平行的地形。但是室外环境中没有所谓的真正平地，大都因为需要保持一定的排水坡度而有轻微的倾斜。

这种地形没有明显的高差变化，视线不受遮挡，给人一种开阔空旷的感觉。另一方面，它具有与地球引力效应相均衡的特性，给人极强的稳定感，是理想的站立、聚会、坐卧、休息的场所。

一些水平线要素特征明显的物体很容易与平坦的地形相协调，处理得好，还能提高和增加该地形的观赏特性。相反，垂直线要素特征明显的物体会成为突出的视觉焦点。

2. 规则式地形

规则式地形在园林设计当中常见的形式有规则的下沉式广场、上升式台地、台阶和平地等类型。

（1）下沉式广场。下沉式广场是通过踏步将高度降低，从而形成四周高中央低的广场。这样的话，既能增加空间的变化，又能起到限制人的活动的作用，还能够为周围的空间提供一个居高临下的视觉条件。

（2）上升式台地。有时候景观设计师通过踏步将地形做成上升式的台地，其灵感大概是来源于美妙的乡村梯田景观。由于有一定的高度，上升台能像雕塑一样矗立在场地中成为一景。上升式台地的形状有半圆形、半椭圆形、条带形、正方形、多边形等形式。

（3）台阶。台阶一般在有高差的地方出现，当然也有可能是斜坡。它既能满足功能上的要求，也具有比较好的美学效果。特别是在一些滨水地带，这种台阶是水域和陆域面的边缘地段，非常能够吸引人去休息和停留。

（4）平地。规则式地形中的平地与自然式地形的平地有一些差别。自然式地形的平坦地形多是草坪。规则式平坦地形多是指硬质场地内的平坦地，这种地形在城市广场出现得比较多，有利于开展较大型的活动或者聚会。

（二）地形的功能

地形在园林设计中的主要功能有如下几种。

1. 分隔空间

可以通过地形的高差变化来对空间进行分隔。例如，在一平地上进行设计时，为了增加空间的变化，设计师往往通过地形的高低处理，将一大空间分隔成若干个小空间。

2. 改善小气候

从风的角度而言，可以通过地形的处理来阻挡或引导风向。凸面地形、脊地或土丘等，可用来阻挡冬季强大的寒风。在我国，冬季大部分地区为北风或西北风，为了能防风，通常把西北面或北部处理成堆山，而为了引导夏季凉爽的东南风，可通过地形的处理在东南面形成谷状风道，或者在南部营造湖池，这样夏季就可利用水体降温。

从日照、稳定的角度来看，地形产生地表形态的丰富变化，形成了不同方位的坡地。不同角度的坡地接受太阳辐射、日照长短都不同，其温度差异也很大。例如对于北半球来说，南坡所受的日照要比北坡充分，其平均温度也较高；而在南半球，则情况正好相反。

3. 组织排水

园林场地的排水最好是依靠地表排水，因此通过巧妙的坡度变化来组织排水的话，将会以最少的人力、财力达到最好的效果。较好的地形设计是在暴雨季节，大量的雨水也不会在场地内产生淤积。从排水的角度来考虑，地形的最小坡度不应该小于5‰。

4.引导视线

人们的视线总是沿着最小阻力的方向通往开敞空间。可以通过地形的处理对人的视野进行限定，从而使视线停留在某一特定焦点上。长沙烈士公园为了突出纪念碑运用的就是这种手法。

5.增加绿化面积

显然对于同一块底面面积相同的基地来说，起伏的地形所形成的表面积会比平地的更大。因此在现代城市用地非常紧张的环境下，在进行城市园林景观建设时，加大地形的处理量会十分有效地增加绿地面积。并且由于地形所产生的不同坡度特征的场地，为不同习性的植物提供了生存空间，丰富了人工群落生物的多样性，从而可以加强人工群落的稳定性。

6.美学功能

在园林设计创作中，有些设计师通过对地形进行艺术处理，使地形自身成为一个景观。再如，一些山丘常常被用来作为空间构图的背景。颐和园内的佛香阁、排云殿等建筑群就是依托万寿山而建，它借助自然山体的大型尺度和向上收分的外轮廓线，给人一种雄伟、高大、坚实、向上和永恒的感觉。

7.游憩功能

游憩，含有"休养"和"娱乐"两层意思。游憩还被用作地理概念，在实际应用中，游憩常常意味着一组特别的可观察的土地利用。游憩还包括被称为旅游、娱乐、运动、游戏以及某种程度上的文化等现象。

常见的游憩场所有缓坡大草坪、幽深的峡谷以及高地等。缓坡大草坪可供游人休憩，享受阳光的沐浴；幽深的峡谷为游人提供世外桃源的享受；高地又是观景的好场所。另外，地形可以起到控制游览速度与游览路线的作用，它通过地形的变化，影响行人和车辆运行的方向、速度和节奏。

二、水体

从人们的生产、生活来看，水是必需品之一；从城市的发展来看，最早的城镇建筑依水系而发展，商业贸易依水系而繁荣，至今水仍是决定一个城市发展的重要因素。

在园林设计当中，水凭借其特殊的魅力成为非常重要的一个要素。人们需要利用水来做饭、洗衣服。人们需要水，就像需要空气、阳光、食物和栖身之地　样。

（一）水的美学特征

水体本身具有以下几种美学特征：

1. 形态美

水本身没有形态，它的形态由容纳它的器物所决定，因而它可以呈现千变万化的形态，而不同形态的水体给人的审美感受也不同，如方形的水体给人感觉是规规矩矩，而自然形的水体给人的感觉是生动无拘。

2. 动静美

水又有动水和静水之分，在自然界中，河流、溪流、瀑布表现为动态的美，动态的水让人思绪纷飞；而湖泊、池等则表现为静态的美，静态的水很容易让人平静而陷入沉思。

3. 水声美

河流、溪流产生的潺潺流水声，让人感到平和舒畅，而瀑布的轰鸣声则使人感到情绪澎湃。

4. 色泽美

水体本身是无色的，它的色彩靠映射天空的颜色，通常呈现天空的蓝色，清晨或傍晚时分，会呈现彩霞的橙色，而当微风吹起时，则又波光粼粼。

5. 触感美

水通常给人以冰凉、柔润的触感美，让人舒服之极。

6. 倒影美

水面能镜像岸边的景物形成倒影，虚幻的倒影更加增添水体的清澈灵动美。

（二）水体的功能

1. 美学功能

前面已经分析了水具有形态美、动静美、水声美、色泽美、触感美、倒影美。水体就是凭借它的这些美学特征在景观当中发挥着重要的美学作用。

2. 改善环境

水体有改善环境的重要功能。水对微气候有一定的调节功能，水体达到一定数量、占据一定空间时，由于水体的辐射性质、热容量和导热率不同于陆地，从而改变了水面与大气间的热交换和水分交换，使水域附近气温变化和缓、湿度增加，导致水域附近局部小气候变得更加宜人，更加适合某些植物的生长。通常在水边和汇水域中，植被更为茂密，而湖岸、河流边界和湿地往往一起形成了动物的自然食物资源和栖息地。

水体还可以用来隔离噪音，例如瀑布的轰鸣声就可以用来掩盖周围嘈杂的噪声。

另外，自然界各种水体本身都有一定的自净能力，即进入水体中的污染物质的浓度，将随时间和空间的变化自然降低。

3. 提供娱乐条件

水体还可以为娱乐活动和体育竞赛提供场所，如划船、龙舟比赛、游泳、垂钓、漂流、冲浪等。

（三）园林景观设计中的水景

1. 平静的水体

依据水体的特性和形状可分为规则式水池和自然式水池。

（1）规则式水池。是指水池边缘轮廓分明，如圆形、方形、三角形和矩形等典型的纯几何图形，或者这些基本几何形的结合而形成的水池。在西方的古典园林中，规则式水池居多。

（2）自然式水池。静止水的第二种类型是自然式水池。与规则式水池相比，它的岸线是比较自然的。中国的传统私家园林的水景基本上是自然式水池。

2. 流水

溪流是指水被限制在坡度较小的渠道中，由于重力作用而形成的流水。溪流最好是作为一种动态因素，来表现其运动性、方向性和活泼性。

在进行流水的设计时，应该根据设计的目的，以及与周围环境的关系，来考虑怎样利用水来创造不同的效果。流水的特征，取决于水的流量、河床的大小和坡度以及河底和驳岸的性质。

要形成较湍急的流水，就得改变河床前后的宽窄，加大河床的坡度，或河床用粗糙的材料建造，如卵石或毛石，这些因素阻碍了水流的畅通，使水流撞击或绕流这些障碍，从而形成了湍流、波浪和声响。

3. 瀑布

瀑布是流水从高处突然落下而形成的。瀑布的观赏效果比流水更丰富多彩，因而常作为环境布局的视线焦点。

瀑布可以分为三类：自由落瀑布、叠落瀑布、滑落瀑布。

（1）自由落瀑布。顾名思义，这种瀑布是不间断地从一个高度落到另一高度。其特性取决于水的流量、流速、高差以及瀑布口边的情况。各种不同情况的结合能产生不同的外貌和声响。

在设计自由落瀑布时，要特别研究瀑布的落水边沿才能达到所预期的效果，特别是当水量较少的情况下，边沿的不同产生的效果也就不同。完全光滑平整的边沿，瀑布就宛如一匹平滑无皱的透明薄纱，垂落而下。边沿粗糙时水会集中于某些凹点上，使得瀑布产生皱折。当边沿变得非常粗糙而无规律时，阻碍了水流的连续，便产生了白色的水花。

自由落瀑布在设计中例子很多，如赖特设计的流水别墅等。

有一种很有意思的瀑布叫作水墙瀑布。顾名思义是由瀑布形成的墙面。通常用泵将水打上墙体的顶部，而后水沿墙形成连续的帘幕从上往下挂落，这种在垂面上产生的光声效果是十分吸引人的。

（2）叠落瀑布。瀑布的第二种类型是叠落瀑布，是在瀑布的高低层中添加一些平面，这些障碍物好像瀑布中的逗号，使瀑布产生短暂的停留和间隔。叠落瀑布产生的声光效果，比一般的瀑布更丰富多变，更引人注目。控制水流量、叠落的高度和承水面，能创造出许多有趣味和丰富多彩的观赏效果。合理的叠落瀑布应模仿自然界溪流中的叠落，要显得自然。

（3）滑落瀑布。水沿着一斜坡流下，这是第三种瀑布类型。这种瀑布类似于流水，其差别在于较少的水滚动在较陡的斜坡上。对于少量的水从斜坡上流下，其观赏效果在于阳光照在其表面上显示出的湿润和光的闪耀，水量过大其情况就不同了。斜坡表面所使用的材料影响着瀑布的表面。在瀑布斜坡的底部由于瀑布的冲击而会产生涡流或水花。滑落瀑布与自由落瀑布和叠落瀑布相比趋向于平静和缓。

4. 喷泉

在园林景观设计中，水的第四种类型是喷泉。喷泉是利用压力，使水从喷嘴喷向空中，经过对喷嘴的处理，可以形成各种造型。而且可以湿润周围空气，减少尘埃，降低气温。喷泉的细小水珠同空气分子撞击，能产生大量的负氧离子。因此喷泉有益于改善城市面貌，提高环境质量。

喷泉大体上可分为以下几类：普通装饰型喷泉、与雕塑结合的喷泉、水雕塑、自控喷泉。

三、园林植物

植物是一种特殊的造景要素，最大的特点是具有生命，能生长。它种类极多，从世界范围看植物超过30万种，它们遍布世界各个地区，与地质地貌等共同构成了地球千差万别的外表。它有很多种类型，常绿、落叶、针叶、阔叶、乔木、灌木、草本。植物大小、形状、质感、花及叶的季节性变化各具特征。因此，植物能够造就丰富多彩、富于变化、迷人的景观。

植物还有很多其他的功能作用，如涵养水源、保持水土、吸尘滞埃、构建生态群落、建造空间、限制视线等。

尽管植物有如此多的优点，但许多外行和平庸的设计人员却仅仅将其视为一种装饰物，结果，植物在园林设计中，往往被当作完善工程的最后因素。这是一种无知、狭隘的思想表现。

一个优秀的设计师应该要熟练掌握植物的生态习性、观赏特性以及它的各种功能，只有这样才能充分发挥它的价值。

（一）植物的大小

由于植物的大小在形成空间布局中起着重要的作用，因此，植物的大小是在设计之初就要考虑的。

植物按大小可分为大中型乔木、小乔木、灌木、地被植物四类。

不同大小的植物在植物空间营造中也起着不同的作用。如乔木多是做上层覆盖，灌木多是用作立面"墙"，而地被植物则多是做底。

1. 大中型乔木

大中型乔木高度一般在6米以上，因其体量大，而成为空间中的显著要素，能构成环境空间的基本结构和骨架。常见大中型植物有香樟、榕树、银杏、鹅掌楸、枫香、合欢、悬铃木等。

2. 小乔木

高度通常为4~6米。因其很多分枝是在人的视平线上，如果人的视线透过树干和树叶看景的话，能形成一种若隐若现的效果。常见的该类植物有樱花、玉兰、龙爪槐等。

3. 灌木

灌木依照高度可分为高灌木、中灌木、低灌木。

高灌木最大高度可达3~4米。由于高灌木通常分枝点低、枝叶繁密，它能够创造较围合的空间，如珊瑚树经常修剪成绿篱做空间围合之用。

中灌木通常高度在1~2米，这些植物的分枝点通常贴地而起。也能起到较好的限制或分隔空间的作用，另外，视觉上起到较好的衔接上层乔木和下层矮灌木、地被植物的作用。

矮灌木是高度较小的植物，一般不超过1米。但是其最低高度必须在30厘米以上，低于这一高度的植物，一般都按地被植物对待。矮灌木的功能基本上与中灌木相同。常见的矮灌木有栀子、月季、小叶女贞等。

4. 地被植物

地被植物是指低矮、爬蔓的植物，其高度一般不超过40厘米。它能起到暗示空间边界的作用。在园林设计时，主要用它来做底层的覆盖。此外，还可以利用一些彩叶的、开花的地被植物来烘托主景。常见的地被植物有麦冬、紫鸭趾草、白车轴草等。

（二）植物的形状

植物的形状简称树形，是指植物整体的外在形象。常见的树形有：笔形、球形、尖塔形、水平展开形、垂枝形等。

1. 笔形

大多主干明显且直立向上，形态显得高而窄。其常见植物有杨树、圆柏、紫杉等。

由于其形态具有向上的指向性，引导视线向上，在垂直面上有主导作用，当与较低矮的圆球形或展开形植物一起搭配时，对比会非常强烈，因而使用时要谨慎。

2. 球形

该类植物具有明显的圆球形或近圆球形形状，如榕树、桂花、紫荆、泡桐等。

圆球形植物在引导视线方面无倾向性。因此在整个构图中，圆球形植物不会破坏设计的统一性。这也使该类植物在植物群中起到了调和作用，将其他类型统一起来。

3. 尖塔形

底部明显大，整个树形从底部开始逐渐向上收缩，最后在顶部形成尖头，如雪松、云杉、龙柏等。

尖塔形植物的尖头非常引人注意，加上总体轮廓非常分明和特殊，常在植物造景中作为视觉景观的重点，特别是与较矮的圆球形植物对比搭配时常常取得意想不到的效果。欧洲常见该类型植物与尖塔形的建筑物或尖耸的山巅相呼应，大片的黑色森林在同样尖尖的雪山下，气势壮阔、令人陶醉。

4. 水平展开形

水平展开形植物的枝条具有明显的水平方向生长的习性，因此，具有一种水平方向上的稳定感、宽阔感和外延感。如二乔玉兰、铺地柏都属该类型。

由于它可以引导视线在水平方向上流动，因此该类植物常用于在水平方向上联系其他植物，或者通过植物的列植也能获得这种效果。相反地，水平展开形植物与笔形及尖塔形植物的垂直方向能形成强烈的对比效果。

5. 垂枝形

垂枝形植物的枝条具有明显的悬垂或下弯的习性。这类植物有垂柳、龙爪槐等。这类植物能将人的视线引向地面，与引导视线向上的圆锥形正好相反。这类植物种在水岸边效果极佳，当柔软的枝条被风吹拂，配合水面起伏的涟漪，非常具有美感，让人思绪纷飞；或者种在地面较高处，这样能充分体现其下垂的枝条。

6. 其他形

植物还有很多其他特殊的形状，例如钟形、馒头形、芭蕉形、龙枝形等，它们也各有自己的应用特点。

（三）植物的色彩

色彩对人的视觉冲击力是很大的，人们往往在很远的地方就注意到或被植物的色彩所吸引。每个人对色彩的偏爱以及对色彩的反应有所差异，但大多数人对于颜色的心理反应是相同的。比如，明亮的色彩让人感到欢快，柔和的色调则有助于使人平静和放松，而深暗的色彩则让人感到沉闷。植物的色彩主要通过树叶、花、果实、枝条以及树皮等来表现。

树叶在植物的所有器官中所占面积最大，因此也很大程度地影响了植物的整体色彩。树叶的主要色彩是绿色，但绿色中也存在色差和变化，如嫩绿、浅绿、黄绿、蓝绿、墨绿、浓绿、暗绿等，不同绿色植物搭配可形成微妙的色差。深浓的绿色因有收缩感、拉近感，常用作背景或底层，而浅淡的绿色有扩张感、漂离感，常布置在前层或上层。各种不同色调的绿色重复出现，既有微妙的变化也能很好地达到统一。

植物除了绿叶类外，还有秋色叶类、双色叶类、斑色叶类等。这使植物景观更加丰富与绚丽。

果实与枝条、树皮在园林景观设计植物配置中的应用常常会收到意想不到的效果。如满枝红果或者白色的树皮常使人得到意外的惊喜。

但在具体植物造景的色彩搭配中，花朵、果实的色彩和秋色叶虽然颜色绚烂丰富，但因其寿命不长，因此在植物配置时要以植物在一年中占据大部分时间的夏、冬季为主来考虑色彩，如果只依据花色、果色或秋色是极不明智的。

在植物园林景观设计中基本上要用到两种色彩类型。一种是背景色或者叫基本色，是整个植物景观的底色，起柔化剂作用，以调和景色，它在景色中应该是一致的、均匀的。第二种是重点色，用于突出景观场地的某种特质。

同时植物色彩本身所具有的表情也是我们必须考虑的。如不同色彩的植物具有不同的轻重感、冷暖感、兴奋与沉静感、远近感、明暗感、疲劳感、面积感等，这都可以在心理上影响观赏者对色彩的感受。

植物的冷暖还能影响人对于空间的感觉，暖色调如红色、黄色、橙色等有趋近感，而冷色调如蓝色、绿色则会有退后感。

植物的色彩在空间中能发挥众多功能，足以影响设计的统一性、多样性及空间的情调和感受。植物的色彩与其他特性一样，不能孤立地而是要与整个空间场地中其他造景要素综合考虑，相互配合运用，以达到设计的目的。

四、园林建筑与小品

从我国园林来看，不论古典园林还是近代园林，园林建筑都是园林中的重要组成部分。一般常见的园林建筑有亭、廊、水榭、舫、塔、楼、茶室等。

（一）园林建筑之亭、廊、榭、舫、花架

下面简略介绍亭、廊、榭、舫、花架五种园林建筑。

1. 亭

（1）亭的功能。亭一方面可点缀园林景色、构成园景，另一方面是游人休息、遮阳避雨、观景的场所。

（2）亭的造型。亭的造型多样，从屋顶的形式来看有单檐、重檐、三重檐、攒尖顶、硬山顶、歇山顶、卷棚顶等；从亭子的平面形状来看有圆亭、方亭、三角亭、五角亭、六角亭、扇亭等。

在中国的古典园林中，北方皇家园林的亭子多浑厚敦实，而江南私家园林中的亭子多轻盈小巧。亭既可单独设置，亦可组合成群。

（3）亭的位置选择。

1）平地建亭。要结合其他园林要素来布置，如石头、植物、树丛等。位置可在路边、道路的交叉口上，林荫之间。

2）山上建亭。对于不同高度的山，亭的位置选择有所不同。

如果在小山（5～7m高）上建亭，亭宜建在山顶，可以丰富山体的轮廓，增加山体的高度。有一点需注意，亭不宜建在小山的中心线上，应有所偏离，这样在构图上才能显得不呆板。

如果在大山上建亭，可建在山腰、山脊、山顶。建在山腰主要是供游人休息和起引导游览的作用，建在山脊、山顶则视线开阔，以便游人四处览景。

3）临水建亭。水边设亭有多种形式，或一边临水，或多边临水，或四面临水。一方面是为了观赏水面的景色，另一方面也可丰富水景效果。如果在小水面设亭，一般应尽量贴近水面，如果在大水面建亭，宜建在高台，这样视野会更广阔。

2. 廊

（1）廊的功能。廊一方面可以划分园林空间，另一方面又成为空间联系的一个重要手段。它通常布置在两个建筑物或两个观赏点之间，具有遮风避雨、联系交通的实用功能。

如果我们把整个园林作为一个"面"来看，那么，亭、榭、轩、舫等建筑物在园林中可视作"点"，而廊这类建筑则可视作"线"。通过这些"线"的联络，把各分散的"点"连系成一个有机的整体。

此外，廊还有展览的功能，可在廊的墙面上展出一些书画、篆刻等艺术品。

（2）廊的造型。廊依位置分可分为平地廊、爬山廊、水上廊；依结构形式分可分为空廊（两面为柱子）、半廊（一面柱子一面墙）、复廊（两面为柱子、中间为漏花墙分隔）；依平面形式分可分为直廊、曲廊、回廊等。

3. 榭

现在，我们一般把"榭"看作是一种临水的建筑物，所以也称"水榭"。它的基本形式是在水边架起一个平台，平台一半伸入水中，一半架立于岸边，平面四周以低平的栏杆相围绕，然后在平台上建起一个木构的单体建筑物，其临水一侧特别开敞，成为人们在水边的一个重要休息场所。

4. 舫

舫是依照船的造型在园林湖泊中建造起来的一种船形建筑物，亦名"不系舟"，如北京拙政园的"香洲"、北京颐和园的清晏舫等。舫的前半部多三面临水，船首一侧常设有平桥与岸相连，仿跳板之意。通常下部船体用石建，上部船舱则多木结构。它可供人们在内游玩饮宴，观赏水景，身临其中，颇有乘船荡漾于水中之感。

5. 花架

在棚架旁边种植攀缘植物便可形成花架，又是人们的避荫之所。花架在园林景观设计中往往具有亭、廊的作用，作长线布置时，就像游廊一样能发挥空间的脉络作用。

（二）园林小品

1. 园凳、园椅、园桌

园凳、园椅主要供人小憩、观景之用。一般布置树荫下、水池边、路旁、广场边，应具有较好的景观视野。

有时园凳会结合园桌一起布置，这样人们可以借此进行玩牌、下棋等休闲活动。

园凳、园椅、园桌应该坚固舒适、造型美观，与周围环境协调。

2. 园墙、门洞、漏窗

（1）园墙。包括围墙、景墙、屏壁等。它们一方面可以用于防护、分隔空间、引导视线，另一方面可以丰富景观。园墙的形式很多，有高矮、曲直、虚实、光滑与粗糙、有檐与无檐等区别。

（2）门洞。门洞具有导游、指示、装饰作用。一个好的园门往往给人以"引人入胜""别有洞天"的感觉。园门形式多样，有几何形、仿生形、特殊形等。通常在门后置以山石、芭蕉、翠竹等构成优美的园林框景。

（3）窗。窗一般有空窗、漏窗或两者结合三种形式。空窗是指不装花格的窗洞，通常借其形成框景，其后常设置石峰、竹丛、芭蕉之类，通过空窗就可形成一幅幅绝妙的图画；漏窗是指有花格的窗口，花格是用砖、瓦、木、预制混凝土小块等构成，形式灵活多样，通常借其形成漏景；结合形窗是既有空的部分又有漏的部分。

3. 雕塑

雕塑是指用各种可塑材料（如石膏、树脂、黏土等）或可雕、可刻的硬质材料（如木材、石头、金属、玉块、玛瑙、铝、玻璃钢、砂岩、铜等），创造出具有一定空间的可视、可触的艺术形象。在人类还处于旧石器时代时，就出现了原始石雕、骨雕等。

雕塑的基本形式有圆雕、浮雕和透雕（镂空雕）。

雕塑不仅具有艺术化的形象，而且可以陶冶人们的情操，有助于表现园林设计的主题。

园林雕塑应与周边环境相协调，要有统一的构思，使雕塑成为园林环境中一个有机的组成部分。雕塑的平面位置、体量大小、色彩、质感等方面都要置于园林环境中进行全面的考虑。

4. 其他小品

园林中小品还有很多其他类型，例如园灯、标识牌、展览栏、栏杆、垃圾桶等。类型如此之多，这需要我们以整体性的思维在满足功能的前提下巧妙的设计和布置。

第三节　园林景观设计的方法与应用

由于社会发展和环境变迁，使得中国传统园林与现代人对生活环境的要求之间，出现了巨大的时空落差。在中国现代园林景观设计迅速发展的同时，其作品的"现代性"和"原创性"也遭到了人们的普遍质疑。那么如何使中国园林设计传承与发展的研究百花齐放，值得我们深思。本节对于园林景观设计的方法与应用主要通过这几方面来进行：突出主景、丰富景深、巧于借景、善于框景、妙在透景、隔景与对景、障景与夹景、点景与题景。

一、突出主景

园林景观无论大小、简繁，均宜有主景与配景之分。

主景是园林设计的重点，是视线集中的焦点，是空间构图的中心，能体现园林绿地的功能与主题，富有艺术上的感染力。主景集中体现着园林的功能与主题。在园林景观设计时，为了突出重点，往往采用突出主景的方法，常用的手法有以下几种。

（一）升高主体

在园林设计中，为了使构图的主题鲜明，常常把集中反映主题的主景在空间高度上加以突出，使主景主体升高。"鹤立鸡群"的感觉就是独特，引人注目，也就体现了主要性，所以高是优势的体现。升高的主景，由于背景是明朗简洁的蓝天，使其造型轮廓、体量鲜明地衬托出来，而不受或少受其他环境因素的影响。但是升高的主景，一般要在色彩上和明暗上，和明朗的蓝天取得对比。

例如，济南泉城广场的泉标，在明朗简洁的蓝天衬托下，其造型、轮廓、体量更加突出，其他环境因素对它的影响不大。又如，南京中山陵的中山灵堂升高在纪念性园林的最高点来强调突出。再如颐和园的佛香阁、北海的白塔、广州越秀公园的五羊雕塑等，都是运用了主体升高的手法来强调主景。

（二）轴线焦点

轴线是园林风景或建筑群发展、延伸的主要方向。轴线焦点往往是园林绿地中最容易吸引人注意力的地方，把主景布置在轴线上或焦点位置就起到突出强调作用，也可布置在纵横轴线的交点、放射轴线的焦点、风景透视线的焦点上。例如，规则式园林绿地的轴线上布置主景，或者道路交叉口布置雕塑、喷泉等。

（三）加强对比

对比是突出主景的重要技法之一，对比越强烈越能使某一方面突出。在景观设计中抓住这一特点，就能使主景的位置更突出。在园林中，主景可在线条、体形、重量感、色彩、明暗、动势、性格、空间的开朗与封闭、布局的规则与自然等方面加以对比来强调主景。例如，直线与曲线道路、体形规整与自然的建筑物或植物、明亮与阴暗空间、密林与开阔草坪等均能突出主景。例如，昆明湖开朗的湖面是颐和园水景中的主景，有了闭锁的苏州河及谐趣园水景作为对比，就显得格外开阔。在局部设计上，白色的大理石雕像应以暗绿色的常绿树为背景；暗绿色的青铜像，则应以明朗的蓝天为背景；秋天的红枫应以深绿色的油松为背景；春天红色的花坛应以绿色的草地为背景。

（四）视线向心

人在行进过程中视线往往始终朝向中心位置，中心就是焦点位置，把主景布置在这个焦点位置上，就起到了突出作用。焦点不一定就是几何中心，只要是构图中心即可。一般四面环抱的空间，如水面、广场、庭院等等，其周围次要的景物往往具有动势，趋向于视线集中的焦点上，主景最宜布置在这个焦点上。为了不使构图呆板，主景不一定正对空间的几何中心，而是偏于一侧。例如，杭州西湖、济南大明湖等，由于视线集中于湖中，形成沿湖风景的向心动势，因此，西湖中的孤山、大明湖的湖心岛便成了"众望所归"的焦点，格外突出。

（五）构图重心

为了强调和突出主景，常常把主景布置在整个构图的重心处。重心位置是人的视线最易集中的地方。规则式园林构图，主景常居于构图的几何中心，如天安门广场中央的人民英雄纪念碑，居于广场的几何中心。自然式园林构图，主景常布置在构图的自然重心上。如中国古典园林的假山，主峰切忌居中，就是主峰不设在构图的几何中心，而有所偏，但必须布置在自然空间的重心上，四周景物要与其配合。

二、丰富景深

景观就空间层次而言，有前景、中景、背景（也叫近景、中景与远景）之分。没有层次，景色就显得单调，就没有景深的效果。这其实与绘画的原理相同，风景画讲究层次，造园同样也讲究层次。一般而言，层次丰富的景观显得饱满而意境深远。中国的古典园林堪称这方面的典范。

在绿化种植设计中，也有前景、中景和背景的组织问题，如以常绿的圆柏（或龙柏）丛作为背景，衬托以五角枫、海棠等形成的中景，再以月季引导作为前景，即可组成一个完整统一的景观。

三、巧于借景

借景是中国园林艺术的传统手法。借景能拓展园林空间，变有限为无限。借景因视距、视角、时间的不同而有所不同。常见的借景类型有以下几种：

（一）远借与近借

远借就是把园林远处的景物组织进来，所借之物可以是山、水、树木、建筑等。如北京颐和园远借西山及玉泉山之塔，避暑山庄借僧帽山、棒槌峰，无锡寄畅园借锡山，济南大明湖借千佛山等。

近借就是把园林邻近的景色组织进来。如邻家有一枝红杏或一株绿柳、一个小山亭，亦可对景观赏或设漏窗借取，如"一枝红杏出墙来""杨柳宜作两家春""宜两亭"等布局手法。

（二）仰借与俯借

仰借系利用仰视借取的园外景观，以借高景物为主，如古塔、高层建筑、山峰、大树，包括碧空白云、明月繁星、翔空飞鸟等。如北京的北海借景山，南京玄武湖借鸡鸣寺均属仰借。仰借视觉较疲劳，观赏点应设亭台座椅。

俯借是指利用居高临下俯视观赏园外景物。登高四望，四周景物尽收眼底，就是俯借。俯借所借景物甚多，如江湖原野、湖光倒影等。

（三）因时而借

因时而借是指借时间的周期变化，利用气象的不同来造景。如春借绿柳、夏借荷池、秋借枫红、冬借飞雪；朝借晨霭、暮借晚霞、夜借星月。许多名景都是以应时而借为名的，如杭州西湖的"苏堤春晓""曲院风荷""平湖秋月""断桥残雪"等。

（四）因味而借

因味而借主要是指借植物的芳香，很多植物的花具芳香，如含笑、玉兰、桂花等植物。在造园中如何运用植物散发出来的幽香以增添游园的兴致是园林设计中一项不可忽视的因素。设计时可借植物的芳香来表达匠心和意境。广州兰圃以兰花著称，每当微风轻拂，兰香馥郁，为园增添了几分雅韵。

（五）因声而借

自然界的声音多种多样，园林中所需要的是能激发感情、怡情养性的声音。在我国园林中，远借寺庙的暮鼓晨钟，近借溪谷泉声、林中鸟语，秋借雨打芭蕉，春借柳岸莺啼，均可为园林空间增添几分诗情画意。

四、善于框景

凡利用门框、窗框、树框、山洞等，有选择地摄取另一空间的优美景色，恰似一幅嵌于境框中的立体风景画称为框景。框景的作用在于把园林绿地的自然美、绘画美与建筑美高度统一、高度提炼，最大限度地发挥自然美的多种效应。由于有简洁的景框为前景，可使视线集中于画面的主景上，同时框景讲求构图和景深处理，又是生气勃勃的天然画面，从而给人以强烈的艺术感染力。

框景必须设计好入框之对景。如先有景而后开窗，则窗的位置应朝向最美的景物；如先有窗而后造景，则应在窗的对景处设置；窗外无景时，则以"景窗"代之。观赏点与景框的距离应保持在景直径的2倍以上，视点最好在景框中心。近处起框景作用的可以是树木、山石、建筑门窗或是园林中的圆凳、圆桌。作框景的近处物休造型不可太复杂，所选定远处景色要有一定的主题或特点，也比较完整，目的物与观赏点的距离，不可太近或太远。

框景的手法要能与借景相结合，可以产生奇妙的效果。例如，从颐和园画中游看玉泉山的玉峰塔，就是把玉峰塔收入画框之中。设计框景要善于从三个方面注意，首先是视点、外框和景物三者应有合适的距离，这样才能使景物与外框的大小有合适的比例；其次是"画面"的和谐，例如，透过垂柳看到水中的桥、船，透过松树看到传统的楼阁殿宇，透过洞门看到了园中的亭、榭等，都是谐和而具有统一的氛围；最后是光线和色彩，要摆正边框与景物的光线明暗与色调的主次关系。

五、妙在透景

透景是利用窗棂、屏风、隔断、树枝的半遮半掩来造景。一般园林是由各种空间组成或分隔的空间，用实墙、高篱、栏杆、土山（假山）等来进行。有的空间需要封闭，不受外界干扰，有的要有透景，要能看到外边的景色，相互资借以增加游览的趣味，使所在空间与周围的区域有连续感、通透感或深远感。

透景由框景发展而来，框景景色全现，透景景色则若隐若现，有"犹抱琵琶半遮面"的感觉，含蓄雅致，是空间渗透的一种主要方法。透景不仅限于漏窗看景，还有漏花墙、漏屏风等。除建筑装修构件外，疏林、树干也是好材料，但植物不宜色彩华丽，树干宜空透阴暗，排列宜与景并列；所对景物则要色彩鲜艳，亮度较大为宜。

六、隔景与对景

（一）隔景

凡将园林绿地分隔为不同空间、不同景区的手法称为隔景。隔景即借助一些造园要素（如建筑、墙体、绿篱、石头等）将大空间分隔成若干小空间，从而形成各具特色的小景点。中国园林利用多种隔景手法，创造多种流通空间，使园景丰富而各有特色；同时园景构图多变，游赏其中深远莫测，从而创造出小中见大的空间效果，能激起游人的游览兴趣。

隔景可以组成各种封闭或可以流通的空间。它可以用多种手法和材料，如实隔、虚隔、虚实隔等。在多数场合中，采用虚实并用的隔景手法，可获得景色情趣多变的景观感受。

（二）对景

对景即两景点相对而设，通常在重要的观赏点有意识地组织景物，形成各种对景。景可以正对，也可以互对。位于轴线一端的景叫正对景，正对可达到雄伟庄严、气魄宏大的效果。正对景在规则式园林中常成为轴线上的主景。如北京景山万春亭是天安门—故宫—景山轴线的端点，成为主景。在轴线或风景视线两端点都有景则称互为对景。互为对景很适于静态观赏。互对景不一定有严格的轴线，可以正对，也可以有所偏离。

互对景的重要特点：此处是观赏彼处景点的最佳点，彼处亦是观赏此处景点的最佳点。如留园的明瑟楼与可亭就互为对景，明瑟楼是观赏可亭的绝佳地点，同理，可亭也是观赏明瑟楼的绝佳位置。又如颐和园的佛香阁建筑与昆明湖中龙王庙岛上的涵虚堂也是。

七、障景与夹景

（一）障景

在园林绿地中凡是抑制视线、引导空间的屏障景物叫障景。如拙政园中部入口处为一小门，进门后迎面一组奇峰怪石；绕过假山石，或从假山的山洞中出来，方是一泓池水，远香堂、雪香云蔚亭等历历在望。障景还能隐藏不美观和不求暴露的局部，而本身又成一景。

障景多用于入口处，或自然式园路的交叉处，或河湖港汊转弯处，使游人在不经意间视线被阻挡并被组织到引导的方向。障景务求高于视线，否则无障可言。障景常应用山、石、植物、建筑（构筑物）、照壁等。

（二）夹景

为了突出优美景色，常将左右两侧的贫乏景观以树丛、树列、土山或建筑物等加以屏障，形成左右较封闭的狭长空间，这种左右两侧的前景叫夹景。夹景所形成的景观透视感强，富有感染力；还可以起到障丑显美的作用，增加园景的深远感，同时也是引导游人注意的有效方法。

第四节　园林景观设计的案例分析

一、衢州鹿鸣公园

（一）项目概述

衢州鹿鸣公园位于衢州市西区石梁溪西岸，处于拥有250万人口的衢州市的新城中心（商业、行政中心）之核心地段，是高密度城市建筑之中的一片"绿洲"。设计师将具有生产性的农业景观与低维护的乡土植物融于景观设计之中，创造出一个丰产而美丽的城市公园。一系列漂浮于植被和溪水之上的步行道、栈桥和亭台等构成一个游憩网络，让人悠游于山水自然之中，而又不给自然过程造成过度的干扰。城市遗弃地由此转变成丰产而美丽的景观，同时保留了场地的生态特色与文化遗产。通过探索人工建设与自然元素的平衡，实现人与自然的和谐共生。图5-1～图5-5为衢州鹿鸣公园。

图5-1　衢州鹿鸣公园（一）

图5-2　衢州鹿鸣公园（二）

（二）场地特征与挑战

整个公园占地约32公顷，被高强度开发的城镇所环绕，西临石梁溪，东临城市交通要道。现场地形复杂，有高地的红砂岩丘陵地貌、河滩沙洲，还有平坦的农田，灌丛和荒草，沿河岸有枫杨林带。在当下的中国城镇化过程中，此类场地被视为杂乱丑陋而毫无价值，历史文化遗产价值更无从谈起。面对此类场地，为了简化设计施工过程，便于修建道路、安装给排水系统等基础设施，最惯常的工程处理方式便是粗暴的铲平。

设计师被委托将公园打造成集休闲、运动、游乐为一体的城市综合型滨水公园。设计探索新的景观理念，让城市公园不仅仅是绿色公共空间，同时作为生态基础设施为整个城市提供生态系统服务。项目中运用的理念包括"与洪水为友""都市农业""最小干预"等，在利用山水格局和自然植被的基础上，通过"覆被"和利用栈道及游憩网络来"框架"山水和植被，来实现景观的改造。

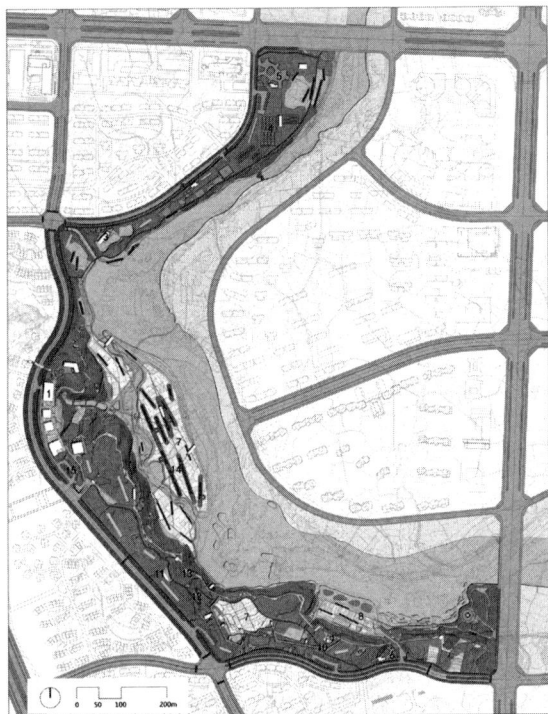

图5-3 衢州鹿鸣公园（三）

（三）设计理念与策略

景观的"覆被"策略主要表现在以下4个方面：

（1）保留乡土景观本底。

（2）丰产而富变化的都市田园。

（3）与水为友的绿色海绵。

（4）山水之上的体验框架。

图5-4　衢州鹿鸣公园（四）

图5-5　衢州鹿鸣公园（五）

二、低碳住家——北京褐石公寓

（一）项目概述

项目位于北京的一个中高密度社区——北京褐石园，社区由5层多家庭公寓组成，容积率高达1.2。北京气候恶劣，冬季寒冷，夏季炎热；春季和秋季干燥，且昼夜温差很大，春季还会出现沙尘暴。年降水量达到500mm，主要集中在夏季，春季和秋季干旱少雨。我们使用了社区内两个位于5层的相邻公寓单元进行实验，主要的改造集中在公寓中两个主卧外南向的阳台和分隔这两个公寓的隔墙上。两个阳台因为北京恶劣的气候不能被很好地使用，每个大概30m^2；隔墙墙面大概11m^2。图5-6～图5-11为北京褐石公寓。

图5-6 北京褐石公寓（一）

图5-7 北京褐石公寓（二）

（二）实施方法

运用家庭水生态基础设施的理念，充分利用收集的雨水，将高能耗的住宅建筑向绿色建筑转化的实验性项目，具体做法如下：

（1）改造阳台结构，收集雨水。

（2）雨水的利用方式：阳台菜园和花园。

（3）雨水的利用方式：生态墙。

（4）利用自然通风和阳光，乐享低碳生活。

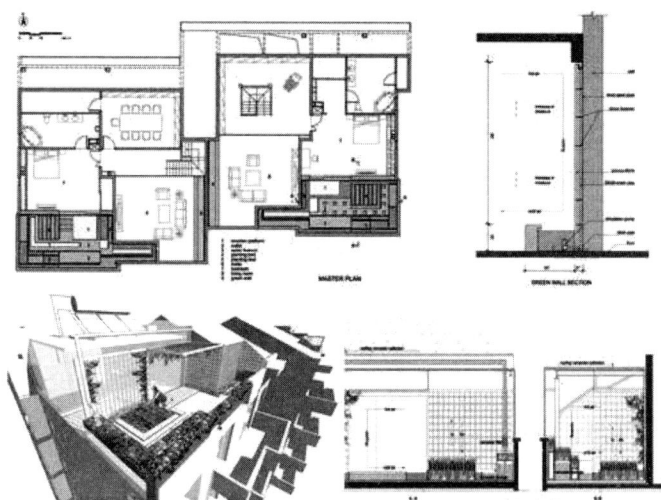

图5-8 北京褐石公寓（三）

图5-9 北京褐石公寓（四）

（三）经济效益

阳台的生产性景观，创造了良好的经济效益，生产的蔬菜产量相当可观，主人可以每天享受一盘沙拉，以及一些豆类和水果等。

通常250多m²的复式洋房采用10匹的空调主机，室内配置10个末端，一个末端按30W计算。在一般情况下家里只有4～5个末端同时开启，10匹的全变频中央空调（按8小时计算）大概一天耗电30～40度左右。按夏季100

天计算，每套住宅共节约电能3000～4000度。按此计算，两个公寓的总面积为500m²，由于阳台花园对户外环境的缓冲作用和生态墙的降温作用，整个夏季都不需要空调而维持较舒适的室内环境，仅此一项，两套公寓就节省6000～8000度电。

（四）社会效益

该项目建成后吸引了大量的人员前来参观，起到了良好的教育启智作用。本案例通过雨水收集、太阳能和生态墙的设计，用极低的投入，将一个本来耗能的建筑，改造为低碳的绿色建筑，有效地降低了能源的开销，同时提供了兼具生产功能的舒适居住环境。这栋公寓富有教育意义，它表明将生态设计作为一种系统策略，整合技术资源，用最少的投入、最简单的方式将一个普通住宅向绿色建筑进行转化的可行性。同时，这一建筑环境的使用亦是可持续的，通过阳台花园和生态墙的使用和体验，教育城市公民，倡导低碳的生活方式。

图5-10 北京褐石公寓（五）

图5-11 北京褐石公寓（六）

第五节 新时期园林景观设计的发展趋势

一、分解与重构及其多维度演绎

现代景观设计在于对空间而不是平面或图案的关注，设计应该具有"三维性"。艾克博在1937年的《城市花园设计程序》中指出"人是生活在空间中、体量中，而不是在平面中"。他提出18种城市环境中小型园林的设计方法，这些设计放弃了严格的几何形式，而以应用曲线为主，强调景观应该是运动的而不是静止的，不应该是平面的游戏而是为人们提供体验的场所。空间的概念可以说是现代景观设计的一个根本性变革，对19世纪的学院派体系产生了冲击。现代雕塑中的空间概念对景观的影响是比较直接的，但空间的革命最早是起源于绘画，塞尚的绘画和立体主义的研究为空间的解放开辟了道路，多视点的动态空间和几何的动态构成以及抽象自由曲线的运用开辟了全新的空间组织方式，这些甚至直接地被反映在景观设计的手法中，例如以托马斯·丘奇、艾克博等人为代表的"加州风格"，以及布勒·马尔克斯的有机形式景观作品。

现代主义设计的理论和实践都受到立体派的启发，景观从两维向着多维方向转化。景观师倾向对空间作多维演绎，尤其依赖现代艺术中用简单有序的形状创造纯粹的视觉效果的构图形式；宣称派所倡导的不断变换视点、多维视线并存于同一空间的艺术表现方法可以说是现代主义设计的重要手法之一。从形式到功能，现代主义设计引发了景观空间的审美革命。

二、行为科学与人性化景观环境

现代景观设计融功能、空间组织及形式创新为一体。良好的服务或使用功能是景观设计的基础，例如为人们漫步、休憩、晒太阳、遮荫、聊天、观望等户外活动提供适宜的场所，在处理好流线与交通的关系的基础上，考虑到人们交往与使用中的心理与行为的需求。

设计师应该坚持"以人为本"作为"人性化"设计的基本立足点，在景观环境设计中强调全面满足人的不同需求。人性化景观环境设计建设有赖于使用者的积极参与，不论是建设前期还是建成以后，积极倡导使用者参与空间环境设计具有十分重要的意义：使用者将需求反映给设计者，尽可能弥补设计者主观臆测的一面，这将有助于景观师更有效的工作，并加强使用者对景观环境的归属感和认同感。调研、决策、使用后评价几个过程是可以发挥使用者潜力的环节，应积极地发挥景观设计中的"互动"与"交互"关系。

三、生态学观念与方法的运用

生态学观念影响着景观设计理念，生态化景观环境设计突出在改造客观世界的同时，不断减少负面效应，进而改善和优化人与自然的关系，生成生态运行机制良好的景观环境。生态观念强调环境科学不断更新的相关知识信息的相互渗透，以及多学科的合作与协调。城市景观建设须以生态环境为基础，在生态学基本观念的前提下重新建构城市景观环境设计的理论与方法。城市景观环境是一个综合的整体，景观生态设计是对人类生态系统整体进行全面设计，而不是孤立地对某一景观元素进行设计，是一种多目标设计，为人类和动植物需要、为审美需要，设计的最终目标是整体优化。生态学方法可以贯穿到景观环境设计的全过程，如从用地的选择、用地的评价、工程做法、植物的选择与配置、景观构成等方面，目的在于完善环境的机能，促成建筑与环境的有机化，从而达到建筑环境的动态平衡。

四、地域特征与文化表达

地域是一个宽泛的概念，景观中的地域包含地理及人文双重涵义，大至面积广袤的区域，小至特定的庭院环境，由于自然及人为的原因，任何一处场所历史地形成了自身的印迹，自然环境与文化积淀具有多样性与特殊性，不同的场所之间的差异是生成景观多样性的内在因素。景观设计从既有环境中寻找设计的灵感与线索，从中抽象出景观空间构成与形式特征，从而对于特定的时间、空间、人群和文化加以表现，通过场所记忆中的片断的整合与重组，成为新景观空间的内核，以唤起人们对于场所记忆的理解，形成特定的印象。

五、个性化与独创性的追求

景观是空间的艺术，其形式不仅仅是表现的对象，也是形而上设计思想的物质载体，设计者千变万化的构思与意图无不是通过"形式"加以表现。景观师又以独特的设计风格为追求。与传统景观追求和谐美不同，凸现景观设计个性化是当代景观设计的趋势之一。如同生物学中基因变异能够产生新的基因和物种一样，部分先锋景观师为了追求奇异或表达特殊的设计理念，通过景观的构成要素、构成形式及其与环境之间的冲突，从而产生一种充斥着矛盾的景观形式，形成新的景观体验。现代景观设计的独创性体现为敢于提出与前人、众人不同的见解，敢于打破一般思维的常规惯例，寻找更合理的新原理、新机构、新功能、新材料，独创性能使设计方案标新立异，不断创新。

当代景观建筑师们从现代派艺术和后现代设计思维方式中汲取创作的灵感，融汇雕塑方法去构思三维的景观空间。现代景园不再沿袭传统的单轴设计方法，立体派艺术家多轴、对角线、不对称的空间理念已被景观建筑师们加以运用；抽象派艺术同样影响着当代景观设计，曲线和生物形态主义的形式在景园设计中得以运用，通过对于场地特征的分析与解读，不拘一格。采用适宜的表现方法，利用场地固有的特征营造，突显环境个性成为当代景观设计的一大特点。

六、场所再生与废弃地景观化改造

任何人工营建的设施均有设计及使用寿命，如我国民用建筑设计使用寿命为50～100年，而正常使用周期内也会因为种种原因需要转变使用要求，由此大量设施当超越设计使用周期后或项目本身转变使用功能后往往均存在如何处置或二次设计的问题。

各国的实践不仅变革了传统的景观设计观念，也丰富了景观类型与表现手法。但其中也存在诸多的问题，比如尺度迷失。众所周知，产业类建筑由于其功能特殊性往往尺度巨大，设计中往往缺乏对人的尺度和建筑尺度之间的比较分析，造成了方案建筑与人的尺度感相差较大，同时由于其结构的僵硬和冷峻，更加拉大了与人之间的距离。强调了对于工业遗产的多样化改造模式，却缺乏对尺度消解和产业建筑氛围塑造等方面的研究，这是工业遗存景观化改造中的通病：改造建筑物大多作为地标，符号性远大于其实用性功能，部分工业建筑物内部的使用方式也受到了既有结构、层高、设备、通风乃至保温节能等因素的限制，改造与使用的成本居高不下，往往是叫好不叫座。

七、节约型景观与可持续发展观

"节约"并不单纯意味着一次性工程造价的少投入，而是在充分调研与分析的基础上，通过集约化设计，以适宜性为基础比选、优化设计方案，合理布局各类景观用地，利用天然的河流、湖泊水系，尽量减少对于洁净水源的依赖，最大限度地重复利用既有的环境资源。通过采取节能、节水、推广地带性植被、使用耐旱植物等技术措施，减少管护，减少人、财、物的投入，从而实现节约的目的。科学化的规划设计是实现景观环境可持续发展的基础。

第六章　新时期公共环境设施设计发展研究

城市公共设施设计并不是随意而为的，在实现基本使用功能的同时，融入多元的设计理念可以进一步展现城市的风格与底蕴，塑造城市多样化的民俗风情，为城市建设营造更多亮点，丰富城市的文化内涵。本章主要阐述与公共环境设施设计相关的基础知识、公共环境设施设计的构成要素与设计原则、公共环境设施设计的方法与应用、公共环境设施设计的案例欣赏以及新时期公共环境设施设计的发展趋势。

第一节　公共环境设施设计的概述

一、公共环境设施设计

"公共环境设施"这一术语产生于英国，英语为"street furniture"，英语译为"街道家具"，德语译为"街道设施"，法语译为"都市家具"，日语译为"步行者道路的家具""道的装置"或"街具"，中文可以理解为"环境设施""公共设施""公共环境设施"或"城市环境设施"。一般公认"公共环境设施"的定义是：为了提供公众某种服务或某项功能，装置在都市公共空间里的私人或公共物件、设备的统称。

二、公共环境设施的类型及内容

按照公共环境设施功能的不同，可将城市公共环境设施划分为九大类：公共信息设施、公共交通设施、公共休息服务设施、公共游乐设施、公共卫生设施、公共照明设施、公共管理设施、公共配景设施、无障碍设施。

（一）公共信息设施

公共信息设施的种类繁多，包括公用电话亭、街钟、邮筒、商业性广告牌、广告塔、招牌、条幅、幌子，以及非商业性的标识牌、路牌、导游图栏等。

（二）公共交通设施

城市空间环境中，围绕交通安全方面的环境设施多种多样，其目的也各不相同。公共交通设施包括城市轻轨站、地铁站出入口、地下通道、坡道、人行天桥、公交候车亭、护柱、护栏、自行车停放架、盲道等。

（三）公共休息服务设施

公共休息服务设施的范围很广泛，主要是为了满足人们的休息、休闲等要求。公共休息服务设施更多地体现社会对公众的关爱、公众与公众的交往以及公众间利益与情感的互相尊重，它能提高公共休闲的质量和舒适度。公共休息服务设施主要包括座椅、凉亭、棚架、售货亭、书报亭、自动售货机等，主要设置在街道小区、广场、公园等地方，以供人休息、读书、交流、观赏等。

（四）公共游乐设施

公共游乐设施是指供人们游戏、娱乐等而设置的各类设施，主要包括儿童游乐设施、健身设施等。公共游乐设施为人们在户外的活动和交流提供了场所，人们不但可以锻炼身体，还能陶冶情操。

（五）公共卫生设施

公共卫生设施主要是为保持城市市政环境卫生而设置的、具有各种功能的装置器具，包括公共厕所、垃圾箱、烟灰桶、饮水器、洗手池。

（六）公共照明设施

随着现代城市高速发展，夜景景观成为城市环境的一个重要组成部分。人们对夜景景观更加重视。它不仅可以提高夜间交通安全，还是营造高质量的现代城市夜景景观的重要手法。

公共照明设施是环境设计中非常重要的一环。公共照明设施主要有道路照明设施、商业街（步行街）照明设施、庭园照明设施、广场照明设施、配景照明设施等。

（七）公共管理设施

公共管理设施是保证城市正常运行的电力、水力、煤气、网络信息及消防等的设施。公共管理设施主要包括路面井盖、消防栓、配电箱等。

（八）公共配景设施

公共配景设施是指在城市公共环境中起到美化环境作用的各种设施。公共景观设施包括水景、地景、雕塑景观、植物景观等，是现代城市不可或缺的组成元素。公共景观设施不仅能满足人们的审美需求和精神追求，还可以提高城市的文化底蕴和人文精神，甚至还能成为城市的符号和标志。

（九）无障碍设施

无障碍设计源自20世纪中叶，是社会对人道主义的呼唤，其出发点是建立在使用者都能公平使用的基础上，其宗旨就是消除城市环境中的障碍，为残障人士提供和创造便利行动及安全舒适的生活，创造一个平等和谐的社会环境。无障碍设计的这种观念很快得到了以欧美为代表的发达国家的认同与支持，并在世界各国得到广泛的推广和发展。

第二节　公共环境设施设计的构成要素与设计原则

一、公共环境设施设计的构成要素

（一）形态要素

公共环境设施的表现形态一般有以下几种形式。

1. 功能形态

设计师在进行设施产品形态设计时，应注重作品的实用性即功能性，也就是说功能决定形式或形式依随功能，反映了功能的决定性和形式的依随性。

2. 几何形态

几何形态包含了丰富的内涵与时代的审美情趣，是大自然具象物体图形在构造、线条和外形上被符号化后提炼出的产物。几何形态以其整齐的构造、明快的线条、简洁的艺术表现形式，受到许多设计师的青睐。他们用几何形态来追求不同的设计理念和艺术的表现语言。

3. 仿生形态

仿生设计是在深刻理解自然物的基础上，在美学原理和造型原则作用下的一种具有高度创造性的思维活动。仿生形态不是对自然生物形态的照搬，而是要捕捉自然生物形态的某种特性，将其与所设计的产品结合起来，经过抽象、演变、提炼、升华，创造出一种新的设施产品形态。

4. 象征形态

象征形态与联想形态的表现手法类似，是形态的象征性语意作用，是形态的联想效果和隐喻的表现。象征形态的表现就是基于某个具体形态上进行的类比暗示以及联想。

5. 装饰形态

装饰形态符合人们习惯的观赏习性，追求设施的视觉审美。

6. 触感形态

触感形态以曲面形态进行变化，变无机性为有机性，在形态的某个部分体现人体的一部分或触感的痕迹。

（二）色彩要素

色彩是指光投射到物体表面所产生的自然现象。人类不仅通过色彩传递、交流视觉信息，而且在社会生活实践中逐渐对色彩产生兴趣并形成了对色彩的审美意识。人类的生理特点决定了人们对色和形的认知顺序是由色到形，由形到文的过程。因此，最先闯入人们视野的是色彩，色彩处理的效果不仅影响视觉美感，而且影响人的情绪及工作生活效率。现在，人们对城市色彩环境越来越重视，环境、色彩与人类的关系越来越密切。

1. 色彩的感觉

色彩可以营造醒目、清晰、对比的效果，能够帮助人们更好、更快地阅读。此外，色彩还可以"诱惑"人、突出设计和解释信息，其重点在于表达感觉和情感。色彩所引起的感觉多种多样，如色彩的冷暖感、空间感、轻重感等。

2. 色彩的装饰性

人们生活在色彩的世界里，色彩丰富了人们的生活，色彩还满足了人们的不同审美需求，具有一定的装饰性。为了打破灰色的空间环境，利用彩色钢柱进行装饰，不仅活跃了空间气氛，也起到了视觉引导的作用。

3. 色彩的象征性

不同的国家、民族因为地域环境、文化背景的不同，往往给各种色彩赋予浓厚的人文特色，对色彩的理解也是不一样的。人类的感性具有共通的一面，对色彩的直观感受也存在很多共性，这正是色彩产生象征性的基础。象征性的色彩有些是根据色彩本身的特性所决定的，有的则是约定俗成的，如我国的邮筒用墨绿色，而有的国家则用黄色或红色。

当我们看色彩时，常常会想与该色相相关的色彩，产生色彩联想。

4. 色彩韵协调性

为保持空间环境的整体感和协调感，公共环境设施的色彩应当采取较为简单的配色原则。除了指示系统之外，其余醒目程度较低的公共设施的色彩可以从其所处街道的建筑、路面等提取，采用类似色相或色调调和的方法来进行配色，既不会破坏街道原有风格和色调，又在统一中寻求了色彩变化。公共环境设施中的景观小品采用与植物颜色相近的色彩也是色彩调和的一种方法。

（三）材料与工艺要素

公共环境设施的制作一般使用木材、石材、混凝土、陶瓷、金属、塑料等材料。随着科技的发展，出现了许多复合材料，如金属玻璃钢材料、平板复合材料等，均具有较好的物理、化学特性，成为坐具材料的发展点。

城市公共环境设施作为城市的标志，体现城市风格，因此在材料的选用上，要多方面考虑材料的可塑性、经济性、环保性的问题，做到美观、实用、低污染。

1. 材料的分类

公共环境设施设计的材料品种繁多，功能、性质各异，有着各种不同的分类方法。从材料的属性来划分，公共环境设施设计经常使用的材料主要有如下几种。

（1）木材。木材包括各种天然木板、美耐板、藤、竹子等。

（2）石材。石材包括石膏、混凝土、大理石、花岗岩、陶瓷等。

（3）金属。金属包括不锈钢、铝合金、铜合金、合金钢、碳素钢、抛光金属等。

（4）塑料。塑料包括聚氯乙烯、聚酰胺、合成树脂、橡胶、聚丙烯等。

（5）玻璃。玻璃包括防爆玻璃、硅酸盐玻璃等。

（6）漆料。漆料包括室外用丙烯酸乳胶漆、真石漆、防火涂料等。

2. 材料的质感

材料的质感是通过人的视觉、触觉而产生的一种直观印象。不同材料的使用特点也不同。

（1）木材。木材是公共环境设施使用较为广泛的材料，它的可操作性是其他材料无法比拟的，并具有易拆除、易拼装等特点。木材除了加工方便外，其本身还具有很强的自然气息，容易融入和软化环境。具有一定的符号特征的木材是比较暖性的材质，适合做成座椅、拉手、扶手、儿童游乐设施等与人体直接接触的公共环境设施。

（2）石材。石材不易腐蚀，比较坚硬，在公共环境设施设计中使用较为广泛。不同的石材具有不同的质感，通常可以起到烘托与陪衬其他材料的作用。石材的纹理极具自然美感，可以切割成各种形状，产生丰富的拼贴效果。石材直接取材于自然，因而也同样具有自然的特征。石材属于冷性材料，容易使人产生冰冷感，大量使用时，需用其他暖性材料来软化它。

（3）塑料。塑料不易碎裂，加工比较方便，已逐渐被广泛运用。塑料可以按照预先的设计，制作成各种造型，这是其他材料无法比拟的。塑料具有很强的时代性，传达着工业文化的信息，具有很好的防水性，被广泛用于公共环境设施设计。塑料的缺点是耐性差、易变形、易起静电、褪色等。

（4）金属。金属具有优越的表现效果，具有冰冷、贵重的特点。金属根据需要可以做成各种造型，产生不同的视觉效果，提高设计品质。

（5）玻璃。玻璃对光有着较强的反射性和折射性，这是玻璃有别于其他材质之处。人们利用玻璃的这一特性进行设计，可增加公共环境设施的独特视觉效果。除此之外，玻璃还具有高硬度、易清洁及易加工等特点，但它容易破碎，存在安全隐患，使用时需做特殊处理。玻璃的可视性强，可以减少公共环境设施对周边景观环境的干扰，这一特性被广泛用于公交候车亭、电话亭等公共环境设施中。

（6）混凝土。混凝土具有坚固、经济、成型方便等优点，在公共休息设施中被广泛运用。混凝土吸水性强、触感粗糙、易风化，经常与其他材料配合使用，如与砂石掺和磨光，形成平滑的椅面等。

（7）陶瓷。陶瓷表面光滑、耐腐蚀，又具有一定的硬度，适合做成公共座椅，特别是在适宜环境的衬托下，更显其古朴纯真的特点。但是由于烧制工艺的限制，陶瓷的尺寸不能过大，加工烧制过程中容易变形，难以制作出较复杂的形状。

（四）尺度、结构与功能要素

1. 人体工程学

（1）人体工程学。人体工程学，也称人类工程学、人类工效学，是第二次世界大战后发展起来的一门新学科。它以人机关系为研究对象，以实测、统计、分析为基本的研究方法。它用于探知人体的工作能力及其极限，从而使人们所从事的工作趋向适应人体解剖学、生理学、心理学的各种特征。

（2）人体的基本尺度。人体的基本尺度是人体工程学研究的最基本的数据之一。它主要以人体构造的基本尺寸（又称为人体结构尺寸，主要是指人体的静态尺寸，如身高、坐高、肩宽、臀宽、手臂长度等）为依据，通过研究人体对环境中各种物理、化学因素的反应和适应力，分析环境因素对生理、心理以及工作效率的影响程度，确定人在生活和生产中所处的各种环境的舒适范围和安全限度。人体尺寸随种族、性别、年龄、职业、生活状态的不同而在个体与个体之间、群体与群体之间存在较大的差异。

老年人公共环境设施的设计要点：

（1）座椅前部的下方不宜有横档。

（2）椅面高度和工作面高度必须是可以调节的或者是定制的。

（3）小身材的老年女性，其腰围、臀围未必与身高有常规的比例关系。

（4）老年人的摸高应较常人的降低约76mm。

（5）老年人的探低应较常人的抬高约76mm。

（6）老年人的工作面高度应较常规降低约38mm。

2. 结构性

结构是指产品或物体各元素之间的构成方式与结合方式。结构设计就是在制作产品前，预先规划、确定或选择连接方式、构成形式，并用适当的方式表达作品的全过程。结构既是功能的承担者，又是形式的承担者，因此产品的结构必然受到材料工艺、使用环境等多方面的制约。

3. 功能要素

功能是产品构成的一种组合方式，是经过一定材料的组合，形成结构，表现出相应的形式，发挥有利的实际使用价值和效能。功能性是公共环境设施具有的产品属性的根本体现。在进行公共环境设施设计时，要真正做到功能实用：一是要考虑人、设施与空间环境三者间的关系；二是充分考虑人的各种因素，才能设计出真正适合于人们使用的公共环境设施。

（五）无障碍设施设计

无障碍设施设计这个概念最早出现于1974年，是联合国提出的设计新主张，是指保障残障人士、老年人、孕妇、儿童等社会成员通行安全和使用便利，在建设工程中配套建设的服务设施，包括无障碍通道（路）、电（楼）梯、平台、房间、卫生间席位、盲文标识和音响提示，以及通信信息交流等相关生活的设施。

障碍类型主要分为听觉障碍、视觉障碍和移动障碍三类。

1. 听觉障碍

全聋和借助助听器获得听力都属于听觉障碍。对于这类人群可以通过在设施中加入信息字幕或手语的方式，利用视觉传达信息。也可以从这类设施的材料入手，选用吸音性能好的材料，排除多余杂音保障助听器的良好接收。

2. 视觉障碍

全盲和弱视都属于视觉障碍。对于全盲人群，在设计公共环境设施时，可以借助盲文和声音指引可通行的方向及位置；对于弱视人群，可以借助强光或醒目色彩；对于视觉障碍人群，可使用的无障碍设施包括信号机、振动人行横道标识机、盲道等。视觉残疾者是依赖自身的触觉、听觉、光感采集环境信息的。因此，在其行进路线上应设置导盲地砖、盲文标识牌或触摸引导图以及音响装置。盲道的铺设要注意中途不能有障碍物，保持盲道的连续性，当人行道为弧形路线时，行进盲道宜与人行横道走向一致，盲道触感块的表面高度与地面装饰材料的表面高度要保持一致。

3. 移动障碍

借助轮椅和拐杖行走都属于移动障碍。对于轮椅使用者，为避免轮椅在坡面翻倒，轮椅坡道应设计成直线形、直角形或折返形，不应设计成圆形或弧形。坡道、走道、楼梯为残障人士等设上下两层扶手时，上层扶手高度为90mm，下层扶手高度为65mm；轮椅坡道起点、终点和中间休息平台的水平长度不应小于1500mm；轮椅坡道侧面凌空时，在扶手栏杆下端宜设高度不小于100mm的轮椅坡道安全挡台；洗手台等操作台面周围要留有适当的空间。

除了针对残障人士设计的无障碍设施，城市公共环境无障碍设施还包括适用于老人、儿童、孕妇等所有有需要人士的设施，无障碍设计正在向通用设计靠拢。经过多年的努力，我国无障碍设施建设已经走在了发展中国家大城市的前列，但与国际大都市无障碍化建设要求还有一定差距。无障碍设施设计在发达国家已向通用设计转变，对无障碍设施的重视程度，体现着社会间人与人的平等性及各个国家的社会文明程度。

二、公共环境设施设计的设计原则

（一）易用性原则

易用性是设计公共环境设施时必须考虑的原则性问题，比如公共汽车上的拉手，要考虑使用人群的高度，方便乘客使用。

（二）安全性原则

公共环境设施设计的安全性原则是指设计者在设计时应考虑材料、结构及工艺等的安全性，应尽量避免对使用者造成安全隐患。

（三）系统化原则

设计的系统化原则体现在两个方面：一是公共环境设施的设计必须从整体出发，其形态、颜色、材质和尺寸等设计要素要与特定空间环境相融合，增强环境的可识别性和整体统一性，而且公共环境设施生产方式的系统优化能降低设计的成本，设施零部件的标准化生产，方便了后期的维修；二是公共环境设施的建设、管理的整体性与系统化发展，它是城市系统规划的一部分，公共环境设施设计与整个城市的系统规划同步，成为城市整体建设中的一部分。

（四）独特性原则

公共环境设施设计是环境设计的延续，为了突出环境设计的特征，往往采用专项设计、小批量生产。设计者在设计时，人与环境的因素已经摆在了突出重要的位置。随着当代加工工艺与生产技术的进步，早期工业设计的大批量化生产正在向人性化、个性化的小批量生产方式转移。

（五）公平性原则

公平性原则在设计中被表述为普通原则或广泛设计原则，在我国则较多地被表述为无障碍设计。公平性原则是赋予每一个人尤其是弱势群体享有使用公共环境设施的权利。对于城市公共环境设施而言，其公平性显得尤为重要。公共环境设施的初衷便是为大众服务，无论是功能上还是形式上，体现出最大的公平性便是公共环境设施设计的关键之一。

（六）审美性原则

公共环境设施的设计，除了考虑其功能因素外，还要运用形式美的法则进行美的形式设计。审美性原则主要包括形式美和形式美法则。

（1）形式美是指在设计中，设计者要把公共环境设施当作一个美的载体来实现。

（2）形式美法则是创造视觉美感，指导一切创造性设计活动的原则，随着社会的发展，设计者只有灵活运用形式美法则，才能创造出更新、更美的公共环境设施。形式美法则主要包括对比与统一、对称与均衡、节奏与韵律等。设计者运用形式美法则，把握公共环境设施个体的形态结构与整体空间环境的协调关系等，使公共环境设施具有很好的节奏和韵律，并充分考虑材质、色彩的美感，结合施工过程中的各种技术要求，形成造型新颖、健康，具有艺术美感的公共环境设施作品。

（七）合理性原则

公共环境设施设计的合理性原则主要表现在功能适度与材料合理两个方面。比如，设计者在设计公共座椅时，除了满足坐的基本功能外，还要考虑公共座椅所处的室外环境，选择材料时要考虑坚固耐用的特点。设计者在设计公共环境设施时要注意实用性，如我国正在逐渐实现由公用电话亭转换为WiFi热点的做法，因为智能手机热潮的兴起，公用电话亭已经被这股浪潮所抛弃，大多数公用电话亭平均每天只使用一次，还需要定期保养，造成了经济上的损失。这些公用电话亭转换为WiFi热点后，将有助于巩固当前分布不均和速度较慢的3G网络，提升用户体验，并给新用户提供更多的使用空间，为电话技术的巨大转变提供了完美的解决方案。

（八）环保性原则

环保性原则的三要素为材料减少（reduce）、再利用（reuse）和再循环（recycle），简称3R，现已广泛应用于绝大多数设计领域。它要求设计师在材料选择、设施结构、生产工艺、设施的使用与废弃处理等各个环节通盘考虑节约资源与环境保护。

第三节 公共环境设施设计的方法与应用

一、公共环境设施设计的方法

在设计中，设计者常采用多种设计构思手法来表达作品。设计构思方法大致可分为以下几种。

（一）定向设计

定向设计就是根据公共环境设施和人们的需求而进行的设计，它是一种目的性非常明确的解决实际问题的设计方法。公共环境设施设计除了受该地区各种人文、地理条件的限制外，还受到人们的性别、年龄、职业、生活习惯等的影响。因此，设计者在进行设计时要围绕以上目的进行深度理解与剖析。

（二）逆向设计

逆向设计是把习惯性的思维反向逆转，从事物的对立面探求出路的设计构思方式，即原型—反向思维—设计新的作品的思维方式。逆向思考的方法使得人们从绝对观念中解脱，这种构思方法也可以促使设计者获取一定的想象力而创造出新的作品。

（三）仿生设计

仿生设计是指设计者通过研究自然界生物系统的功能、结构、色彩等特征，在设计过程中有选择地应用这些特征进行设计，同时结合仿生学的研究成果，为设计提供新的思想和新的途径。仿生设计作为人类社会生产活动与自然界的契合点，使人类社会与自然达到了高度统一，仿生设计表达成为设计者常用的设计手法。

（四）组合设计

组合设计又称多功能设计，是将多种功能集于一体的设计方法，主要着重于功能的研究。功能性是任何一件物品的根本，抓住了功能就抓住了本质，多功能的公共环境设施受到社会的普遍欢迎。

（五）模块化设计

模块化设计是指对一定范围内的不同功能或功能相同但性能、规格不同的产品进行功能分析的基础上，创建并设计出一系列功能模块，通过模块的选择和组合构成不同的产品，以满足市场需求的设计方法。按功能的不同，模块可分为基本模块（实现基本功能）、辅助模块（连接各基本模块以实现系统功能）和可选模块（根据客户需要特别增加的模块）。各模块又包含若干功能相同而性能不同的子块。

城市公共环境设施模块可分为功能模块、形体模块和外观装饰模块三大类。

（六）趣味化设计

在满足基本功能的基础上，增强趣味化设计，能够很好地提升产品的娱乐性，增进与人的互动性。

二、公共环境设施设计程序的应用

（一）调研分析

1. 资料收集

收集相关资料以便对将要设计的对象有个初步的概念。这些资料主要包括人文类资料、工程技术类资料、经济类资料等。

2. 现状调研

调研主要分为两种：直接调研和间接调研。

（1）直接调研即实地调研，通过对现有的公共环境设施的分析与对比，将优点与缺点分析透彻，取其精华，去其糟粕，以便设计出更好的公共环境设施。

（2）间接调研，通过信息和资料，掌握有关政策法规、经济技术条件，了解先进国家公共环境设施的情况，结合地域特性，以便设计出更好的公共环境设施。

3. 综合分析

设计者在收集、调研各种基本资料以后，必须从分析入手，对收集的资料进行分析、整理，以便归纳出详细的、有针对性的信息，为设计过程做好准备。综合分析主要分为纵向分析和横向分析两个方面。

（1）纵向分析。纵向分析是从设施产品本身进行分析，包括该设施的发展、演变、技术影响，从而形成一条纵向的分析链。

（2）横向分析。首先，横向分析从同类相关的设施产品中进行分析，寻找它们的相同点和不同点，如公共座椅与垃圾桶、售货亭和候车亭等，同·时期的不同功能的设施排列在一起形成横向的分析链。

其次，通过横向分析得出若干问题，并归类分组排列，把同类的问题和不同类的问题放在一起比较，以此发现主要矛盾和次要矛盾，从中找出需要重点解决的问题。

最后，通过综合上述资料和综合产品、环境、行为三大要素，得出解决问题的基本方向。

（二）寻求答案

设计者通过调查、分析、比较来了解现状和存在的问题，就可以开始寻求解决问题的方法和答案。

1.计划提案

根据已提出的设计问题，确定具体可行的设计理念、设计风格，以便更好地制订设计任务的时间计划表。

2.设计依据

公共环境设施与建筑、街道、广场等沟通构成了城市的形象，表现了城市的气质和性格，所以，设计者在进行公共环境设施设计时必须全方位考虑。公共环境设施设计的依据有如下几个方面。

（1）符合人体尺度，包括各种设施的细节尺寸以及使用这些设施所需要的空间范围。

（2）符合设施设计要求，包括可供选用的装饰材料和可行的施工工艺。由设计设想变成现实，必须动用可供选用的装饰材料，采用现实可行的施工工艺，这些依据条件必须在开始设计时就考虑到，以保证设计图的实施。

（3）业主已确定的投资限额、建设标准，以及设计任务要求的工程施工期限。

（4）公共环境设施的结构构成、构件尺寸，设施管线等的尺寸和制约条件。

（5）各种施工规范（包括安全规范、消防规范等），以及当地城市设计规范等。

（三）方案构思

1.勾画草图

在设计过程中，草图不仅可以记录设计者的设计思路，而且可以给设计者带来瞬间的设计灵感。所以，勾画草画是一个开拓思路的过程，也是一种图形化的思考和表达方式。勾画草图是一个非常重要的步骤，许多精妙的创意就有可能产生于草图中，不仅有利于设计者更深入地了解设计对象，更有利于方案的逐步完善。

2.方案推敲与深化

设计者在经过了勾画草图阶段后，会得到许多设计创意。方案推敲阶段最重要的就是比较、综合、提炼这些草图，希望能够得到基本成熟的方案。市场需求、功能需求、技术需求、经济需求等不以设计者意志为转移的硬性条件是推敲的重点。

设计者应进一步延伸构思，针对被淘汰的草图，仔细分析其是否存在可取之处。针对可取之处，分析如何能够完善现有方案；针对不可取之处，分析现有方案是否存在相同的问题或将来是否会出现这样的问题；针对已被选出的方案，从功能性出发，如考虑其多功能性。

初步方案基本确立后，设计者需要做的就是将草图转化为图纸，从中解决相关的材料、施工方法、结构等问题。

方案深化阶段是对原有方案的深化与完善。

（四）设计表现

设计表现是直观表现公共环境设施的艺术效果和施工图纸，是指用文字和图纸将公共环境设施的设计思想、技术表达等细节描述清楚，以方便生产和施工。设计者甚至可以按比例制作模型，以便产生直观效果。设计表达是设计的重要环节，它体现出公共环境设施作为艺术设计最有说服力的一面。

（五）项目实施

项目实施是一个系统工程，需要许多工作人员和多个工作部门的协同工作。项目实施大体包含了设计调整、材料工艺、成本预算、安装配套四个方面。

1. 设计调整

调整的内容一般不涉及设计对象的色彩、形态，最主要的是根据各个工作部门提供的施工建议和结构建议修改设计对象的细节。遇到问题时需要设计者正确判断，提出合理化解决方法。

2. 材料工艺

材料的更新变化相当快，这就需要设计者始终关注材料市场的发展情况，要清楚材料的实际效果、色彩、质地、适用领域、价格等。另外，有些设计者可能不熟悉材料的某些工艺，这就需要与材料供应商和施工人员沟通，从而了解材料的基本施工方法，对设计进行进一步修改和微调。

调整的方向包括材料与材料之间的连接方法、材料的模数与设计对象的尺寸关系、材料质地与使用功能的关系、两种材料是否能够连接等。

3. 成本预算

成本预算一般由相应的工作部门专门负责。编制工程成本预算书在整个成本控制中是重要的一项工作，预算书是甲乙双方签订合同的重要依据，是审价审计的重要依据，是工程造价的重要技术性文件，是支付和取得工程进度款以及工程竣工结算的重要依据，也是考核工程设计是否经济合理和施工单位管理水平的重要依据。

4.安装配套

经过所有的程序之后，设计最终进入了真正的实施阶段。虽然有施工监理负责管理，但也需要设计者经常亲临施工现场，保证按设计方案实施工程。

（六）设计评价

在设计施工结束之后，设计的工作并不是全部结束了，还需要针对已经完成的作品进行评价。这个阶段的评价容易被人们忽视，但它却是最重要的，应以科学的方法和体系来评价其使用情况、社会的反馈、经济效益等。例如，陕西省西安大唐芙蓉园游览区的建设完成后要从功能性、艺术性、经济性、科学性四个方面对公共环境设施设计做综合评价。

大唐芙蓉园位于陕西省西安市曲江新区，占地面积1000亩（1亩=667m^2），其中水面300亩，总投资13亿元，是西北地区最大的文化主题公园，建于唐代芙蓉园遗址以北，是中国第一个全方位展示盛唐风貌的大型皇家园林式文化主题公园。全园景观分为十二个文化主题区域，从帝王、诗歌、民间、饮食、女性、茶文化、宗教、科技、外交、科举、歌舞、大门特色等方面全方位再现了大唐盛世的灿烂文化。大唐芙蓉园创下了多项纪录，有全球最大的水景表演，是首个"五感"（视觉、听觉、嗅觉、触觉和味觉）主题公园，是全国最大的仿唐皇家建筑群，集中国园林及建筑艺术之大成。

第四节　公共环境设施设计的案例欣赏

近年来，我们的物质生活水平和科研技术逐渐提高，社会的发展也逐渐从关注基于满足物质需求的技术发展转变为以创新和谐为驱动力的文化精神追求，我们则开始构建一个以人为中心的、具有"辐射性"的设计理念，从而使"和谐""生态""创新""以人为本"等理念出现在各种公共环境设施的设计中。"和谐""生态""创新""以人为本"等理念出现在各种公共环境设施的设计中。如图6-1～图6-7所示。

图6-1　南昌八一广场

图6-2　都柏林的大运河广场

图6-3　散步道路灯

图6-4　儿童游乐设施

图6-5 自动售货机

图6-6 富有个性的座椅

图6-7 桥梁

第五节 新时期公共环境设施设计的发展趋势

城市形象和城市公共环境的营造使城市空间发展日新月异，其中公共环境设施设计起着极其重要的作用。公共环境设施设计者只有把握未来的发展趋势，才能够真正设计出符合城市公共环境发展需要、满足人们精神和文化需求的优秀作品。公共环境设施设计的未来发展主要表现在以下六个方面。

一、趋向科技化与智能化的转变

近年来，科学技术的发展给城市公共环境设施设计带来翻天覆地的变化，公共环境设施中随处可以体现当代科学技术的进步。国内外很多先进的科技成果被大量应用于道路、环境标识、照明等各类公共环境设施设计中，例如运用光电管技术的景观装饰物和各类广告牌、动态音响雕塑、自动人行道等。高科技的设施设计不但使城市公共环境更加美观，而且充满时尚与现代感。

与此同时，公共环境设施的智能化设计也极大方便了城市民众的生活。如高铁站、轨道交通站、公交候车亭内的公共设施已经大量使用现代电子信息和网络技术：自动售票机与人脸检票设施、电子信息查询、智能化车辆信息与报站系统等智能化设计都为乘客提供了极大的便利。由此看来，科技化与智能化的公共设施设计不但极大地满足了新时代人们的需求、改善了城市公共环境，也给未来的设施设计及其教育指明了发展方向。

二、国际化与个性化兼顾发展

随着当代科学技术和各国文化的综合发展，各民族之间的文化与艺术在不断进行交流与融合，趋向多元化，从而引领城市环境设计也逐渐趋于国际化。公共环境设施作为城市环境的重要组成部分，在设计意象、表达方法、外在形态、制作工艺以及材料运用等诸多方面，向国际化接近的同时也兼顾追求具有本土化和个性化的鲜明特色。因此，国际化与个性化也成为现代城市公共环境设计追求的目标。公共环境设施的个性化设计是一座城市展现其独特魅力的名片。由于地理环境、城市空间、人文宗教的不同形成了城市不同的性格差异和多样的地域文化，其突出表现在公共环境设施的设计方面，如美国纽约的公交候车亭设计充分体现了美国的现代感与科技感。即便是同一个国家，甚至同一个城市内不同的区域也会呈现出截然不同的特色。以我国首都北京为例，作为与国际接轨的朝阳区、海淀区具有科技、高端、时尚和优雅的现代都市气息，而集中展现古都特色的东城区、西城区，则充满着中国传统民族文化的氛围。北京众多景点将两个区域鲜明而独特的个性相结合，设计出新中式风格的垃圾箱。诸多设计实例表明：在公共环境设施设计中，要坚持国际化和民族多样化协调发展的理念，没有民族和地域个性的设计便违背了国际化的真正含义。

三、与城市公共环境整体协调统一

公共环境设施设计是一个系统化的设计工程，必然与城市整体空间环境有着和谐统一的关系。其设计不但要与周围环境协调一致，各类设施本身也要具有统一性，彼此呼应，相辅相成，体现出整体统一的特质，从而实现与城市环境的有机融合。例如，苏州城市公共环境设施，在造型设计上不仅针对各个街区都体现出不同的特点，避免了"千城相似""百城一面"的问题，也与苏州整体环境协调一致。"公共环境设施在设计时，要充分研究人们对环境设施的合理需求，要仔细分析周围环境因素对设施的影响，要思考该艺术探索设施在特定环境空间里的效果，从而确立整体的设计理念。"例如，上海多伦路文化名人街，街区内的环境小品设计以鲁迅、柔石、郭沫若等左联文化名人雕塑形象呈现；青石道路、黑色街灯、铁艺座椅等设施不但彼此之间统一协调，而且与周边的中华艺术大学和左联旧址等城市公共文化环境协调一致，自然和谐地构成了一个整体。

四、注重人性化，体现以人为本

为满足新时期人们对公共设施的需求，设计者应倡导以人为本的城市环境发展理念。人性化设计的环境设施要立足于民，体现对人的关怀，要满足广大公众的生理、心理需求。例如，我国南方一些城市的公交候车亭在设计时安装了自动喷雾装置，其特点为定时降温，能够缓解酷热高温对人体造成的不适；法国巴黎的现代候车亭也为人们提供手机自动充电和互联网等服务。此外，人性化设计还要特别关注老幼病残孕等特殊群体的活动和心理需求。例如，沈阳一些地段设置了"女神"专用停车位；日本地铁设置了盲道、盲人站点和专用电梯；上海设置了防骚扰女性专属站台或车厢等。上述都体现了公共环境设施的人性化设计，凸显出以人为本的城市公共环境发展理念。

五、功能复合化与形式多样化

为革新以往单一功能的公共设施，在新的城市环境设计理念下，公共设施设计也开始向功能复合化方向发展。复合化设计不但使各公共设施之间形成整体统一的效果，而且能够提升城市有限空间的使用效率。例如，将花坛与休息设施统一进行组合化设计，使其不仅具有花坛的装饰功能，还兼备休息的坐具使用功能；或是将环境导视牌、候车亭的设计与环境照明相结合；将景观灯具的设计与景观雕塑相结合，使它们在具有实用功能的同时还具备美化功能。伴随着当代科学技术的发展，公共环境设施设计的多样化趋势明显。无论是造型、色彩还是新材料的利用，都脱离了以往的呆板和单调。形态各异、色彩丰富、材料多样的公共设施纷纷登场，极大改善了城市公共环境的空间景观。例如，环境导视牌的设计摆放形式，分为矗立式、墙面式、地面式等；呈现方式既有传统的文字图形，也有现代电子触摸屏；其制作材料则包含了不锈钢、塑料、石材、木材、陶瓷等，这些改善不仅使城市公共环境日趋美好，而且大大节省了城市的有效空间。

六、形态艺术化

当代公共环境设施早已不再是单纯地使用器材，全面走向形态艺术化是公共环境设施设计未来发展的必然趋势之一，也是城市公共环境美感塑造的有效举措。形式美是创造城市公共环境美感的重要法则，公共环境设施设计作为公共艺术的组成部分应当遵循这一法则。四川大学文艺学硕士马钦忠说："我们之所以称这一类功能用具为公共艺术作品，在于它体现了特定城市人们的审美情趣、个性倾向、地域特征、场所要求，体现城市文化理念和精神，起到诱导良性行为、愉悦行为，体验场所审美感的作用。"形态艺术化的公共设施设计应该运用对比与和谐、对称与均衡、节奏与韵律等形式美法则进行创意构思与设计。通过特定的艺术符号和设计元素创作出形态优美、色彩和谐、材料适宜的高品质公共设施艺术作品，从而给予人们由视觉到精神上的满足与愉悦。曾访学于日本高千穗大学公共艺术与传播的学者翁剑青说："城市公共设施形态的美学品质的高低和制作质量的好坏，将长期和普遍地影响着大众的公共生活质量、文化心理乃至人们的行为举止。"公共设施的形态艺术化将极大提升城市环境的美感。"设施设计应该把城市文化和艺术融合在一起，传达当地的历史文化与民俗风情，反映城市特有的风貌与色彩，表现出城市的气质与风格。"例如荷兰以国花郁金香为造型的公共座椅设计遍布于城市的大街小巷，构成极具荷兰风情特色的城市景观；我国上海街区也以音符构成公共座椅的设计，充分表现出东方巴黎的浪漫与优雅气质。

综上所述，公共环境设施的设计将伴随城市发展和时代进步的需求不断探索和创新。只有把握时代发展的趋势，明确设计的方向，才能创造出与整体环境和谐统一、具有鲜明地域性特点的高品质公共环境设施，才能使其成为城市精神文化和物质文化的载体，从而全面提升城市形象和品位、提高公共生活质量、塑造美好的城市公共空间，以达到为人民服务的根本目标。

参考文献

[1]陈根. 环境艺术设计看这本就够了[M]. 北京：化学工业出版社，2017.

[2]韦爽真. 环境艺术设计概论[M]. 重庆：西南师范大学出版社，2012.

[3]陈华新，薛娟，张炜，等. 环境艺术综合设计[M]. 北京：高等教育出版社，2015.

[4]文健，等. 室内空间设计[M]. 北京：北京交通大学出版社，2014.

[5]王洋. 环境艺术效果图表现技法[M]. 济南：山东人民出版社，2017.

[6]李砚祖，李瑞君，张石红. 空间的灵性：环境艺术设计[M]. 北京：中国人民大学出版社，2017.

[7]傅毅，吕明，李硕. 环境艺术设计的原理与快速表现技法的研究[M]. 北京：中国纺织出版社，2018.

[8]廖建军. 园林景观设计基础[M]. 3版. 长沙：湖南大学出版社，2016.

[9]成玉宁. 现代景观设计理论与方法[M]. 南京：东南大学出版社，2010.

[10]李焯，时一铮. 公共环境设施设计[M]. 武汉：华中科技大学出版社，2014.

[11]杨明明. 浅析现代室内设计的风格及发展趋势[J]. 中国包装，2015，35(05)：43-45.

[12]张治源. 城市公共环境设施设计的发展趋势[J]. 艺术教育，2017(Z5)：271-272.

[13]李蔚青. 环境艺术设计基础[M]. 北京：科学出版社，2016.

[14]张葳，何靖泉. 环境艺术设计制图与透视[M]. 北京：中国轻工业出版社，2017.

[15]翟绿绮，马凯. 环境艺术设计手绘表现技法[M]. 北京：清华大学出版社，2014.

[16]中国文化信息协会. 中国创意界——室内环境艺术设计2012 [M]. 北京：中国建材工业出版社，2012.

[17]席跃良. 环境艺术设计概论[M]. 北京：清华大学出版社，2006.

[18]薛再年，吴昆，顾艳秋. 环境艺术设计理论与实际应用[M]. 北京：中国书籍出版社，2014.

[19]李超. 城市公共环境设施研究[D]. 河北大学，2014.

[20]冯信群. 公共环境设施设计[M]. 上海：东华大学出版社，2006.

[21]安秀. 公共设施与环境艺术设计[M]. 北京：中国建筑工业出版社，2007.

[22]成玉宁. 园林建筑[M]. 北京：中国农业出版社，2008.

[23]徐磊青，杨公侠. 环境心理学——环境、知觉和行为[M]. 上海：同济大学出版社，2002.

[24]谷康. 园林设计初步[M]. 南京：东南大学出版社，2003.

[25]吴为廉. 景观与景园建筑工程规划设计[M]. 北京：中国建筑工业出版社，2005.

[26]陈飞虎. 环境艺术设计概论[M]. 长沙：湖南美术出版社，2004.

[27]郝卫国. 环境艺术设计概论[M]. 北京：中国建筑工业出版社，2006.

[28]王贵祥. 东西方的建筑空间[M]. 北京：中国建筑工业出版社，1998.

[29]吴焕加.20世纪西方建筑史[M]. 郑州：河南科学技术出版社，1998.

[30]赵杰. 室内设计效果图表现[M]. 武汉：华中科技大学出版社，2013.

[31]田宝川. 环境设计手绘表现[M]. 青岛：中国海洋大学出版社，2014.

[32]朱钟炎. 室内设计原理[M]. 上海：同济大学出版社，2003.

[33]李朝阳. 室内空间设计[M]. 北京：中国建筑工业出版社，1999.

[34]周长亮. 室内设计概论[M]. 北京：中国电力出版社，2010.

[35]娄永琪. 环境设计[M]. 北京：高等教育出版社，2008.

[36]吴家骅. 现代设计大系——环境艺术设计[M]. 上海：上海书画出版社，2003.

[37]王其钧. 后现代建筑语言[M]. 北京：机械工业出版社，2007.

[38]周樱. 环艺设计[M]. 上海：上海人民美术出版社，2009.

[39]刘秉琨. 环境人体工程学[M]. 上海：上海人民美术出版社，2007.

[40] http://z.hwlzh.blog.163.com/blog/static/76517575201262293127111/